信息安全产品技术丛书

软件安全保障体系架构

丛书主编　顾　健

主　编　杨元原　俞　优　陆　臻　唐　迪

电子工业出版社

Publishing House of Electronics Industry

北京·BEIJING

内 容 简 介

本书主要阐述软件安全保障相关的原理与技术，简单介绍了软件安全与信息安全、硬件安全、系统安全的关系；并详细介绍了软件安全开发生命周期过程中需要考虑的安全要素，这些安全要素是目前公认的提高软件安全保障水平的有效技术措施。全书共 9 章，主要包括综述、软件安全保障概念、安全需求和威胁建模、安全设计原则、基于组件的软件工程、安全编码、软件安全测试、安全交付和维护、通用评估准则与软件安全保障等内容。

本书旨在阐明软件安全保障的原则和思路，帮助软件开发人员和评估人员更好地理解通用评估准则中的安全保障要求，为软件安全开发提供有益参考。

图书在版编目（CIP）数据

软件安全保障体系架构 / 杨元原等主编. —北京：电子工业出版社，2022.4
（信息安全产品技术丛书）
ISBN 978-7-121-43132-6

Ⅰ．①软… Ⅱ．①杨… Ⅲ．①软件开发—安全技术 Ⅳ．①TP311.522

中国版本图书馆 CIP 数据核字（2022）第 041639 号

责任编辑：李 洁　　文字编辑：刘真平
印　　刷：北京七彩京通数码快印有限公司
装　　订：北京七彩京通数码快印有限公司
出版发行：电子工业出版社
　　　　　北京市海淀区万寿路 173 信箱　邮编：100036
开　　本：720×1 000　1/16　印张：14.75　字数：264.3 千字
版　　次：2022 年 4 月第 1 版
印　　次：2024 年 6 月第 3 次印刷
定　　价：98.00 元

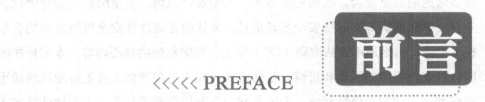

<<<<< PREFACE

　　软件规模的不断扩大，导致软件的开发、集成和维护日益复杂，与此同时，与软件安全相关的理论研究还远未成熟，软件开发还依赖于科学、实践和艺术的结合，因此，软件缺陷和漏洞无法避免；而计算机网络的迅速发展，软件运行环境的开放性、动态性、复杂性等问题日益突出，又使软件面临着严重的外部威胁，所以，构建一个安全的系统成为目前软件安全应用的当务之急。

　　在现实世界中，几乎没有一个软件能够证明其在任何时候都是安全的。虽然软件开发商经常会在其开发的系统上冠以"安全"的名字，以表明系统中有或多或少的安全性，但人们对于开发商所声称的"安全"往往是抱有疑问的。

　　对软件的信任应建立在系统的设计、实现和维护真正满足了安全需求的基础之上。对于"信任"，最直观的理解是，软件能够有效地保护资源，可以抵御预期的威胁。为了确定软件可信任的程度，需要使用一些方法和尺度，即软件安全保障。

　　软件安全保障是对软件满足安全需求的信心。该信心是建立在软件开发商所提供的证据基础上的，证据可以通过使用多种多样的保障技术和措施而获得，包括需求的正确性及设计、实现和维护的有效性等相关证据。这些证据可以是简单的，也可以是复杂和细粒度化的。

　　本书主要阐述软件安全保障相关的原理和技术，简单介绍软件安全与信息安全、硬件安全、系统安全的关系，并详细介绍软件安全开发生命周期过程中需要考虑的安全要素，包括安全需求、安全设计原则、安全编码、安全测试、安全交付和维护等。这些安全要素是目前公认的提高软件安全保障水平的有效技术措施，也是通用评估准则（CC）中安全保障组件的核心内容。本书旨在阐明软件安全保障的原则和思路，帮助软件开发人员和评估人员更好地理解通用评估准则中的安全保障要求，为软件安全开发提供有益参考。由于软件技术本身在快速发展，人们对软件安全的认知也在不断深入，因此，本书无法完全罗列软件安全相关的所有保障要素。

尽管通过反复讨论修改，但限于编者水平和其他客观条件限制，本书难免存在不足和有待商榷之处，敬请广大读者批评指正。

编　者

目录

<<<<<< CONTENTS

第1章 综　　述

随着计算机网络技术的迅猛发展，以高速通信、云计算、大数据、物联网为核心的关键基础设施已经广泛应用到金融、电力、交通、医疗、政府等各个领域，人们对于软件的需求和依赖程度不断增加，软件的规模和复杂程度不断扩大，导致软件中存在安全隐患的可能性急剧增加，软件的安全性难以保障。与此同时，软件攻击工具泛滥，病毒和木马肆虐，黑客活动猖獗，使得软件安全问题日益凸显，稍有不慎，将会给国家、社会及个人带来巨大的损失和危害。

1.1　编写背景

从 20 世纪 50 年代世界上第一台电子计算机诞生以来，计算机技术发展十分迅速，并且广泛应用于生产、科研和社会生活的各个领域。伴随着计算机的广泛应用，计算机软件在计算机系统中的地位越来越重要。人们需要的软件越来越多，而且趋向大型化和复杂化，使软件开发变得越来越复杂，从而产生了所谓的"软件危机"，即软件开发从质量、效率等方面均不能满足应用需求。为确保能够快速、高效地研发出满足需求且高质量的软件，软件工程技术随之出现，并日趋成熟和完善。至此，软件开发开始从"艺术""技巧"向"工程""群体协同工作"转化。

软件工程（Software Engineering）是应用计算机科学理论和技术，以及工程管理原则和方法，按照预算和进度实现满足用户要求的软件产品的定义、开发、发布和维护的工程或以之为研究对象的学科。

　　软件工程的基本目标是生产具有正确性、可用性及合算性的产品。正确性是指软件产品达到预期功能的程度；可用性是指软件基本结构、实现及文档达到用户可用的程度；合算性是指软件开发、运行的整个开销用户可承担。

　　为实现上述目标，软件工程涵盖了软件需求、设计、编码、测试和维护所需的知识、方法和工具。它不局限于理论，更强调开发实践，能够指导开发团队运用有限的资源，按照既定的软件工程规范，通过一系列可复用的、有效的方法，在规定的时间内实现预先设定的目标。

　　在软件工程中，有一项重要的工作就是确保软件质量，以解决软件开发速度慢、软件不可靠、维护困难、可复用性低等问题。软件质量主要保证软件与预定义的显式需求和隐式需求相一致。显式需求是指用户在软件产品创建之前就可以清晰地向开发者表达的要求。隐式需求是指用户在软件系统创建之前无法清晰地表达，但在软件系统使用后必须实现的要求。例如，在市场买一部智能手机，对于手机的通话功能、App 管理功能、上网功能的要求是显式需求，但是对于手机是否会黑屏、是否容易死机等特性的要求则是隐式需求。隐式需求被默认为是产品必须满足的需求。

　　成功的软件必须满足显式和隐式的各种需求。而软件产品为满足显式及隐式需求所具备的要素称为质量。质量是一个过于宏观的概念，无法进行管理，所以人们通常会选用软件的某些质量要素进行量化处理，建立质量特征，这些特征称为质量属性（Quality Attribute）。

　　这些属性包括功能性、可靠性、易用性、效率、可维护性、可移植性等。其中每个属性还包含一些子属性，例如，功能性包括完备性、正确性、兼容性和互操作性等。

　　除软件产品自身的质量外，软件过程的质量也是开发者需要关注的要素，因为软件过程的质量能够反映软件产品的质量。一方面，软件开发过程是不可见的；另一方面，越早发现缺陷，修复的成本越低。所以对软件质量的保障活动要贯穿于软件的整个开发过程。

软件质量保障（Software Quality Assurance，SQA）要求在项目启动时，就要进行质量保障计划，明确需要执行的质量保障活动。在软件开发过程中，要监控和执行质量保障计划，在开发活动到达一个里程碑时，要及时根据质量保障计划进行质量验证。

通过不断完善软件质量保障措施，有效地提高了软件产品的质量，确保软件行业持续健康发展，使软件应用的领域和规模日趋扩大。然而，到了 20 世纪 90 年代，随着计算机网络的广泛使用，软件工程又面临着新的挑战。由于软件本身在设计或实现过程中可能存在一些漏洞，在隔离的运行环境中，这些漏洞通常不会暴露给外部攻击者，因此造成的风险较低。而在因特网这种开放的环境下，软件产品一旦存在可被利用的漏洞，则这些漏洞就会完全暴露给所有的网络攻击者，由于攻击者可以主动发起攻击行为，且攻击的方式、攻击的对象也多种多样，因此，如果仅依赖传统的软件质量保障措施，将不能实现预期的质量目标。于是，软件安全需求应运而生。

软件安全（Software Security）是指将开发的软件存在的风险控制在可接受的水平，以保证软件的正常运行。由于软件的开发、集成和维护日益复杂，与此同时，软件安全相关的研究还远未成熟，软件存在漏洞无法避免，而这些漏洞可能被攻击者利用，以破坏软件的安全性，或迫使软件运行到不安全的状态。因此，软件很容易成为攻击者的攻击目标，软件安全需求越来越迫切。

软件安全是一个相对较新的领域，直到 2001 年才出现了软件安全方面的著作及学术课程，这说明开发人员、软件架构师、计算机科学家直到近 20 年才开始系统地思考如何构建安全的软件。McCraw 博士提出"使安全成为软件开发的必需部分（Build Security In，BSI）"的观点，已经得到业界和政府机构的认同。

为确保软件的安全性，需要采用系统化、规范化和数量化的方法来指导软件的开发活动，而这些开发活动的集合就是软件安全保障。软件安全保障是指确保软件能够按照开发者的预期，提供与威胁相适应的安全能力，从而维护软件自身的安全属性，避免存在可以被利用的安全漏洞，并且能从被入侵和失败的状态中恢复。

软件安全保障的目标是使软件可以规避安全漏洞，按照预期的方式执行其功能，以增强开发者和使用者的信心，这种信心依赖于开发者能够提供的所采取的安全技术证据的"数量"。由于信息系统所承载业务的风险在很大程度上与软件安全息息相关，软件安全保障已经成为当前信息安全需要解决的关键问题。

有一个与软件保障相关的术语称为"信息保障"，是指访问信息的能力及保证信息的安全性。信息保障和软件安全保障的不同之处在于，信息保障关注对信息的威胁及保护信息的技术，而软件安全保障则关注软件需求的正确性、完整性和一致性，以及这些需求的实现机制。

1.2 编写目的

本书的主要目的是向读者提供软件安全保障相关的设计、开发、测试、维护等原则和实践建议，以便将安全因素纳入软件开发的整个生命周期过程，以增强软件产品的安全性。然而，由于软件安全涉及的内容非常广泛，无法面面俱到，因此本书的重点是帮助读者厘清软件安全开发的框架和脉络，讲解软件安全保障的基本思路和方法。

本书主要的读者是软件开发、设计、测试、维护等人员，包括：

- 安全需求分析人员；
- 软件架构师和设计师；
- 程序开发人员；
- 软件集成商；
- 软件测试人员；
- 软件维护人员；

- 软件配置人员;
- 项目经理。

本书所述的原则和实践建议包括了 ISO 15408、能力成熟度模型、软件工程等相关的框架、模型和标准，这些为软件安全保障的实施和持续改进提供了基础。本书假定读者已熟悉通用的软件开发概念、原则和实践。为了充分理解本书内容，读者还应熟悉信息安全和网络安全的一些基本概念，如"信任""特权""完整性""可用性"等。

1.3 本书结构

本书分为 9 章，各章内容如下。

第 1 章主要介绍本书的编写背景、编写目的及结构。

第 2 章主要介绍软件安全保障相关的概念，以及这些概念之间的关系，包括软件工程、软件质量和软件质量保障、软件安全、软件安全保障、影响软件安全的要素、软件面临的威胁等。

第 3 章主要介绍软件的安全需求和威胁建模，包括需求的定义与分类、否定性和非功能性安全需求、安全需求的来源、安全需求的验证及安全建模方法等。

第 4 章主要介绍软件安全设计的基本原则，包括安全设计思想和方法、安全架构、安全设计原则、执行环境安全等。

第 5 章主要介绍基于组件的软件工程，包括基于模块的软件设计、COTS 和 OSS 组件的安全问题、组件的安全评估、组件的集成及基于组件的安全维护等。

第 6 章主要介绍软件在编码过程中应注意的问题，包括安全编码原则和实践、异常处理、安全存储和缓存管理、进程间通信、特定语言的安全问题、安全编码和编译工具等。

第 7 章主要介绍软件安全测试相关原则和技术，包括软件测试和软件安全测试、测试计划、软件安全测试技术、重要的软件安全测试点、解释和使用测试结果等。

第 8 章主要介绍软件安全交付和维护时的安全措施，包括分发前的准备、安全分发、安全安装和配置、安全维护等。

第 9 章主要介绍通用评估准则与软件安全保障，包括通用评估准则的发展历史、通用评估准则的组成和重要概念、安全保障要求与软件安全保障等。

第 2 章　软件安全保障概念

2.1　软件工程

2.1.1　软件工程概述

随着计算机技术的不断发展，从 20 世纪 60 年代开始，软件逐渐作为一种产品被广泛地使用，出现了专职的应客户需求来编写软件的"软件作坊"，编写软件不再是为了实现开发者自身的功能需求。但这一时期，软件数量急剧膨胀，需求日益复杂，而软件的开发方法基本上依然沿用早期的个体化软件开发模式，从而造成软件项目开发成本过高、进度缓慢、不符合用户需求、软件质量低劣、可维护性差等严重问题，"软件危机"随之产生。

这些问题主要由两个原因造成：一是与软件自身的特点有关，二是与软件开发与维护的方法有关。

首先，由于软件缺乏"可见性"，在编写出程序代码并在计算机上运行之前，软件开发过程的进展情况较难衡量，软件的质量也较难评价，而且如果在软件运行过程中发现了错误，则很可能是在开发时期引入的，修改错误意味着修改软件设计，这就在客观上使得软件较难维护。

其次，随着计算机性能的不断提升，能够支持的软件规模也越来越庞大，从而使软件复杂性呈指数级上升。为了在预定时间内开发出软件，软件开发过程中的分工合作在所难免，然而，如何保证每个人完成的工作在集成后能形成一款高质量软件，是一个非常复杂的问题，这必须由科学的规划和管理来支撑。

鉴于人们在软件开发时所遭遇的困境，北大西洋公约组织在 1968 年举办了首届软件工程学术会议，并提出"软件工程"的概念来界定软件开发所需的相关知识。自"软件工程"被正式提出至今，在相关领域已累积了大量的研究成果，并进行了大量的技术实践，借由学术界和产业界的共同努力，软件工程已发展成为一门专业的学科。

软件工程是一门研究如何使用系统化、规范化、数量化等工程原则和方法去进行软件的开发和维护的学科。软件工程采用工程的概念、原理、技术和方法来开发维护软件，把经过时间考验而证明正确的管理方法和最先进的软件开发技术结合起来，应用到软件开发和维护过程中，来解决软件危机问题，生产出无故障的、及时交付的、在预算之内的和满足用户需求的软件。

如前所述，软件工程的基本目标是生产具有正确性、可用性及合算性的产品。其中，正确性和可用性可归结为软件质量，合算性可归结为软件开发成本。

IEEE 将软件工程定义为：

（1）将系统化的、规范的、可度量的方法应用于软件的开发、运行和维护过程，即将工程化应用于软件；

（2）对（1）中所述方法的研究。

事实上，软件工程是应用计算机科学理论和技术，以及工程管理的原则和方法，实现满足用户需求的软件产品的定义、开发、发布和维护的工程活动。

软件工程活动是生产一个达到工程目标要求，能满足用户需求的软件产品的过程或步骤，包括需求、设计、实现、维护、确认/验证等活动。常用软件工程活动表如表 2-1 所示。

表 2-1　常用软件工程活动表

活 动 名 称	活 动 内 容
需求活动	在一个抽象层上建立系统模型的活动，该活动的主要成果是需求规范，是软件开发人员与客户之间的契约基础
设计活动	定义实现需求规范所需的结构，其主要成果是软件体系结构、处理算法等
实现活动	设计规范到代码转换活动，主要技术有模型评估、代码走查、程序测试等
维护活动	软件发布后进行的修改，包括对发现错误的修正、基于环境变化进行的调整等
确认/验证活动	是一项评估活动，贯穿于软件整个开发过程，包括动态分析和静态分析等，主要技术有模型评审、代码走查及程序测试等

2.1.2　软件工程基本原理

软件的工程原则主要围绕工程设计、工程支持和工程管理开展，软件工程通常遵循 7 条基本原理，它们是确保软件产品质量和开发效率的最小集合。

1. 用分阶段的生命周期计划严格管理

在软件开发与维护的整个生命周期过程中，需要完成许多性质各异的工作，应该把软件生命周期分成若干阶段，并相应制定出切实可行的计划，然后严格按照计划对软件的开发和维护进行管理。在整个软件生命周期中应严格执行 6 类计划：项目概要计划、里程碑计划、项目控制计划、产品控制计划、验证计划和运行维护计划。

2. 坚持进行阶段评审

在软件开发的不同阶段进行修改需要付出的代价是不同的，在早期进行变动，涉及内容较少，因而代价也较低；而在开发的中期，软件配置的许多工作已经完成，如果引入一个变动，则要对所有已完成的配置工作都进行相应的修改，不仅工作量大，而且逻辑上也更复杂，因此付出的代价剧增；在软件"已经完成"时再进行变动，则需要付出更高的代价。因此，在软件生命周期每个阶段都应进行严格的评审，以便尽早发现错误。

3. 实行严格的产品控制

软件需求是软件开发的基础，不应随意更改。如果在软件开发过程中需要变更需求，则应采用科学的产品控制技术来实现，即采用变更控制，又叫基准配置管理。当需求变动时，其他各个阶段的文档或代码也应随之变动，以保证软件的一致性。

4. 采用现代程序设计技术

从 20 世纪 60～70 年代的结构化软件开发技术，到最近的面向对象技术，从第一、第二代语言，到第四代语言，人们致力于研究各种新的程序设计技术，以及各种先进的软件开发与维护技术。因此，采用先进的技术既可以提高软件开发的效率，又可以降低软件维护的成本。

5. 阶段成果应能量化

在物理形态上，软件是一种看不见、摸不着的产品。软件开发工作进展情况可见性差，难于准确度量，造成软件开发过程比一般产品的开发过程更难以评价和管理。为了更好地进行管理，应根据软件开发的总目标及完成期限，尽量明确规定开发小组的责任和产品标准，从而使所预期的成果能够被量化和审查。

6. 开发小组的人员应少而精

开发人员的素质和数量是影响软件质量和开发效率的重要因素，开发人员应少而精。这一条基于两点原因：高素质开发人员的效率比低素质开发人员的效率要高几到几十倍，开发工作中犯的错误也要少得多；当开发小组为 N 人时，可能的通信信道为 $N(N-1)/2$，可见随着人数 N 的增大，通信开销将急剧增大。

7. 承认不断改进软件工程实践的必要性

遵从上述 6 条基本原理，就能够较好地实现软件的工程化生产。但是，它们只是对现有的经验的总结和归纳，并不能保证赶上技术不断发展的步伐。因此，应把承认不断改进软件工程实践的必要性作为软件工程的第七条原理。根据这条原理，不仅要积极采纳新的软件开发技术，还要注意不断总结经验，收集进度和消耗等数据，进行出错类型和问题报告统计。这些数据既可以用来评估新的软件技术的效果，又可以用来指明必须着重注意的问题和应该优先进行研究的工具和技术。

2.1.3　软件工程的特点

1. 软件工程的科学性与艺术性

从 20 世纪 50 年代至今，软件工程经过了长期的积累，已经具备了相当的基础。人们认为软件工程正在进入职业化工程阶段，当然还远不成熟。所以软件工程的指导知识还是"艺术"、实践方法/原则和科学知识并立，软件工程行为既有科学性，又有实践性，还有艺术性。

科学性是运用范畴、定理、定律等思维形式反映现实世界各种现象的本质规律的知识体系。它重在把握事物的规律性，并按照这些固定的规律指导活动顺利和正确地进行。

艺术性则是那些在科学之外依赖于人类天性和创造性的知识。没有什么固定的规律可以保证艺术活动的顺利和正确进行。

虽然艺术活动没有什么固定的规律，但是人们在长期的实践活动中却可以发现和总结出一些经验，它们被称为实践方法或原则。实践方法和原则不能保证艺术活动的顺利和正确进行，但可以在一定程度上指导艺术活动更好、更快地进行，提高相对的成功率。

指导软件工程的科学知识主要是计算机科学，它建立了软件生产的知识基础，如软件开发的理论、方法、技术、模型等。这是软件工程学习的重点。

软件工程也积累了很多有效的实践方法与原则，既包括配置管理、风险控制、需求管理等管理办法，又包括模块化、信息隐藏、设计原则等技术原则。这也是软件工程学习的一个重点。

在少数工作上，软件工程还依然需要依赖个人的才能，即"艺术性"，这在软件分析与设计活动中尤为突出。

2. 软件工程的成本效益

软件工程以成本效益为生产成功的基本条件。成本是软件开发的耗费，效益是客户为了得到软件产品愿意付出的费用。

在实践中，能够满足成本效益的软件生产方案可能不止一个，这些方案都是有效的，都是可以采用的，不需要再分辨最好的方案。也就是说，软件工程不追求最好的软件产品，只要求足够好的软件产品。

2.1.4　软件生命周期及生命周期模型

1. 软件生命周期

一个软件从定义、开发、使用和维护，直到最终被废弃，要经历一个漫长的过程，通常把软件经历的这个漫长的过程称为软件生命周期。软件生命周期主要是为了解决什么人（who），在什么时候（when），做什么事（what）及怎样做（how）这些事，以实现软件的预期目标。

软件生命周期通常包括问题定义、需求分析、软件设计、软件编码、软件测试、运行维护等阶段，这种按时间分程的思想是软件工程中的一种思想原则，即按部就班、逐步推进，每个阶段都要有定义、工作、审查、形成文档以供交流或备查，以提高软件的质量。

软件生命周期的每一个阶段都有确定的任务，并产生一定规格的文档，提交给下一个周期作为继续工作的依据。按照软件的生命周期,软件的开发不再只单单强调"编码",而是概括了软件开发的全过程。因此,每一周期都是按"活动—结果—审核—再活动—直至结果正确"循环往复开展的。

软件生命周期通常包括以下 6 个阶段。

1）问题定义

问题定义阶段必须回答的关键问题是:"要解决的问题是什么?"如果不知道问题是什么就试图解决这个问题,显然是盲目的,最终得出的结果很可能是毫无意义的。尽管确切地定义问题的必要性是十分明显的,但在实践中它却可能是最容易被忽视的一个步骤。

通过对客户的访问调查,系统分析员扼要地写出关于问题性质、工程目标和工程规模的书面报告,经过讨论和必要的修改后,再得到客户的确认。

2）需求分析

需求分析阶段是一个很重要的阶段,这一阶段做得好,将为整个软件开发的成功打下良好的基础。这个阶段的任务不是具体解决问题,而是确定软件必须具备哪些功能。

用户了解他们所面对的问题,知道必须做什么,但是通常不能完整、准确地表达出他们的要求,更不知道怎样利用计算机解决他们的问题;软件开发人员知道怎样用软件实现要求,但是对特定用户的具体要求并不完全清楚。因此,系统分析员在需求分析阶段必须和用户密切配合,充分交流信息,以得出经过用户确认的系统逻辑模型。通常采用数据流图、数据字典和简要的算法表示系统的逻辑模型。

在需求分析阶段确定的系统逻辑模型是以后设计和实现目标软件的基础,因此必须准确、完整地体现用户的要求。这个阶段的一项重要任务,是用正式文档准确地记录对目标软件的需求,这份文档通常称为软件规范(specification)。

3）软件设计

此阶段主要根据需求分析的结果，对整个软件系统进行设计。软件设计一般分为总体设计和详细设计。良好的软件设计将为软件编程打下良好的基础。

（1）**总体设计**：又称概要设计。首先，应该设计出实现目标软件的几种可能的方案。软件工程师应该用适当的表达工具描述每种方案，分析每种方案的优缺点，并在充分权衡各种方案的利弊的基础上，推荐一种最佳方案。此外，还应制定出实现最佳方案的详细计划。

上述设计工作确定了解决问题的策略，下面确定怎样设计这个软件。软件设计的一条基本原理是，软件应该模块化，也就是说，一个软件应该由若干规模适中的模块按合理的层次结构组织而成。因此，总体设计的另一项主要任务就是设计软件的体系结构，也就是确定软件由哪些模块组成及模块间的关系。

（2）**详细设计**：总体设计阶段以比较抽象、概括的方式提出了解决问题的办法，详细设计阶段的任务就是把解决方法具体化。

这个阶段的任务还不是编写代码，而是设计出软件的详细规格说明。这种规格说明的作用类似于其他工程领域中工程师经常使用的工程蓝图，它们应该包含必要的细节，编程人员可以根据它们写出实际代码。

详细设计也称模块设计，在此阶段将详细地设计每个模块，确定实现模块功能所需要的算法和数据结构。

4）软件编码

在此阶段，编程人员应该根据目标软件的性质和实际环境，选取一种适当的高级程序语言，把详细设计的结果翻译成用选定的语言书写的代码，并且仔细测试编写出的每一个模块。在软件编码中必须制定统一的符合标准的编写规范，以保证代码的可读性、易维护性，提高软件的运行效率。

5）软件测试

软件设计完成后要经过严密的测试，以发现软件在整个设计过程中存在的问题并加以纠正。整个测试过程分单元测试、组装测试及系统测试 3 个阶段进行。测试的方法主要有白盒测试、黑盒测试和灰盒测试等。

在测试过程中需要建立详细的测试计划并严格按照计划进行测试，以降低测试的随意性。应该用正式的文档把测试计划、详细测试方案及实际测试结果保存下来，作为软件配置的组成部分。

6）软件维护

软件维护是软件生命周期中持续时间最长的阶段。在软件开发完成并投入使用后，由于多方面的原因，软件不能继续适应用户的要求。要延续软件的使用寿命，就必须对软件进行维护。

通常有 4 类维护活动：改正性维护，即诊断和改正在使用过程中发现的软件错误；适应性维护，即修改软件以适应环境的变化；完善性维护，即根据用户的要求改进或扩充软件使其更加完善；预防性维护，即修改软件，为将来的维护活动预先做准备。

每一项维护活动都应该经过提出维护要求、分析维护要求、提出维护方案、审批维护方案、确定维护计划、修改软件设计、修改代码、复查验收等一系列步骤，并且每一项维护活动都应该被准确地记录下来，作为正式文档加以保存。

以上软件生命周期阶段的划分，可能会由于软件规模、种类、开发环境及开发使用的技术方法等因素而有所不同。事实上，承担的软件项目不同，应该完成的任务也会有差异，没有一个适用于所有软件项目的任务集合。

2. 软件生命周期模型

软件生命周期模型也称过程模型，它是软件生命周期过程的具体化和实例化。软件生命周期模型定义了软件开发过程中运用的方法及顺序、应该交付的文档资料、为保证软件质量和协调变化所需采取的管理措施，以及标志软件开发各个阶段任务完成的里程碑等。

软件生命周期模型的发展实际上体现了软件工程理论的发展。在最早的时候，软件的生命周期处于无序、混乱的情况。一些人为了能够控制软件的开发过程，就把软件开发严格地区分为多个不同的阶段，并在阶段间加上严格的审查，从而产生了瀑布模型。瀑布模型体现了人们对软件过程的一个希望：严格控制、确保质量。然而，现实往往是残酷的。因为软件的开发过程往往难以预测，瀑布模型根本达不到这个要求，反而导致了其他的负面影响，如产生大量的文档、需要烦琐的审批程序等。因此，人们就开始尝试用其他的方法来改进或替代瀑布模型。

除瀑布模型外，典型的生命周期模型还包括快速原型模型、迭代模型等。迭代模型是统一软件过程（Rational Unified Process，RUP）推荐的周期模型。在 RUP 中，迭代被定义为包括产品全部开发活动和开发必需的其他外围组件。所以，在某种程度上，开发迭代是一次完整地经过所有工作流程的过程：包括需求工作流程、分析设计工作流程、实施工作流程和测试工作流程。实质上，它类似小型的瀑布式项目。RUP 认为，所有的阶段（需求及其他）都可以细分为迭代。每一次的迭代都会产生一个可以发布的产品，这个产品是最终产品的一个子集。在迭代模型中，需要根据主要风险列表选择要在迭代中开发的新的增量内容。每次迭代完成时都会生成一个经过测试的可执行文件，这样就可以核实是否已经降低了目标风险。

快速原型（Rapid Prototype）模型在功能上等价于产品的一个子集。瀑布模型的缺点就在于不够直观，快速原型模型则解决了这个问题。一般来说，应根据客户的需要在很短的时间内解决用户最迫切的问题，完成一个可以演示的产品。这个产品只实现部分的功能（最重要的），它最重要的目的是确定用户的真正需求。在得到用户的需求之后，原型将被抛弃。因为原型开发的速度很快，在安全设计方面是几乎没有考虑的，如果保留原型的话，在随后的开发过程中会为此付出极大的代价。

2.2 软件质量和软件质量保障

2.2.1 软件质量

软件工程的核心包括两点：一是要确保软件的质量，二是要控制软件开发的成本。软件工程最基本的要求就是软件开发者要对软件产品的质量负责，因为软件质量的优劣有可能会影响使用者和公众的财富、健康甚至生命安全。

成功的软件产品必须满足"显式的"及"隐式的"各种要求。"显式的"要求是指用户在软件系统创建之前就可以清晰地向开发者表达的要求；"隐式的"要求是指用户在软件系统创建之前无法清晰地表达却可以在软件系统投入使用之后要求补充的条件。例如，在市场买一双鞋子时，对于鞋子功能（休闲、跑步还是踢足球）的要求是显式的，但是对鞋底是否会脱胶、鞋面坚韧度等特性的要求就是隐式的。虽然不会有明文规定鞋底不能脱胶，但是一旦脱胶就会认为鞋子质量不合格。隐式要求被默认为是职业人员所生产的产品应该具备的特性。

IEEE 关于软件质量的定义为：

● 系统、部件或者过程满足规定需求的程度；
● 系统、部件或者过程满足用户需要或期望的程度。

该定义强调了产品（或服务）和客户社会需求的一致性。

软件系统规模和复杂性的增加使得软件开发成本和软件故障所造成的经济损失也在增加，软件质量问题正成为制约计算机发展的关键因素。软件质量通常受以下几方面的影响。

1. 软件结构方面

软件应具备良好的结构。一方面要求软件系统的内部结构清晰，易于软件人员阅读和理解，方便对软件的修改和维护；另一方面要求软件产品具备友好的人机界面，方便用户使用。这些需求与明确规定的功能、性能需求相比常常是隐含的。

2. 功能与性能方面

软件应能够按照既定的要求工作，并且与明确规定的功能、性能需求一致。软件能够可靠地工作，不仅在合法的输入情况下能够正确运行，而且还能够安全地排除非法的输入和处理意外事件，保证系统不受损害。

3. 开发标准与文档方面

软件开发应遵循相关的标准和开发准则，做到软件文档资料齐全。如果不按照软件工程方法开发软件，必然会导致软件质量低下。

上述 3 方面互相联系、相辅相成。但是，不同的人会从各自的需求出发，对软件质量标准有不同的要求：管理人员要求软件服从一些标准，能够在计划的经费和进度范围内实现所需的功能；用户要求软件使用方便，执行效率高；维护人员则要求软件文档资料清晰、完整。

不同性质、不同用途的软件具有不同的特征集合和质量要求。例如，实时控制软件和大型联机事务处理系统软件对于软件的可靠性要求很高；而常规的办公软件及管理信息系统对于易用性和可移植性要求很高。质量的不同特性之间可能是矛盾的：片面强调执行效率，设计出来的软件可能结构复杂、难于理解，也难于修改和维护；追求可靠性一般也要以一定时间和空间作为代价。

由于质量是一个过于宏观的概念，无法进行管理，所以人们通常会选用系统的某些质量要素进行量化处理，建立质量特征，这些特征被称为质量属性（Quality Attribute）。

为了根据质量属性描述和评价软件的整体质量，人们从很多质量属性的定义当中选择了一些能够相互配合、相互联系的特征集，它们被称为质量模型。表 2-2 所示是 IEEE 1061—1992，1998 定义的质量模型，它们是较为权威的软件质量标准。

表 2-2　IEEE 1061—1992，1998 定义的质量模型

特　　性	子 特 性	描　　述
功能性	完备性	软件具有必要和充分功能的程度，这些功能将满足用户需要
	正确性	所有的软件功能被精确确定的程度
	安全性	软件能够检测和阻止信息泄露、信息丢失、非法使用、系统资源破坏的程度
	兼容性	在不需要改变环境和条件的情况下，新软件就可以被安装的程度。这些环境和条件是为之前被替代软件所准备的
	互操作性	软件可以很容易地与其他系统连接和操作的程度
可靠性	无缺陷性	软件不包含未发现错误的程度
	容错性	软件持续工作，不会发生有损用户的系统故障的程度，也包括软件含有降级操作（Degraded Operation）和恢复功能的程度
	可用性	软件在出现系统故障后保持运行的能力
易用性	可理解性	用户理解软件需要花费的精力
	易学习性	用户理解软件时所花费精力的最小化程度
	可操作性	软件操作与目的、环境、用户生理特征相匹配的程度
	通信性	软件与用户生理特征相一致的程度
效率	时间经济性	在指明或隐含的条件下，软件在适当的时间限度内执行指定功能的能力
	资源经济性	在指明或隐含的条件下，软件使用适当数量的资源执行指定功能的能力
可维护性	可修正性	修正软件错误和处理用户意见需要花费的精力
	扩展性	改进或修改软件效率与功能需要花费的精力
	可测试性	测试软件需要花费的精力
可移植性	硬件独立性	软件独立于特定硬件环境的程度
	软件独立性	软件独立于特定软件环境的程度
	可安装性	使软件适用于新环境需要花费的精力
	可复用性	软件可以在原始应用之外的应用中被复用的程度

2.2.2　软件质量保障

软件质量是软件开发过程中所使用的各种开发技术和验证方法的最终体现。然而，由于软件开发过程不可见，且越晚发现缺陷，修复的代价越高，

因此，必须对软件开发的整个生命周期过程进行监督和审查，以确保开发出高质量的软件产品。

软件质量保障也称软件质量保证，是建立一套有计划、有系统的方法向管理层保证，拟定出的标准、步骤、实践、方法能够正确地被采用。

软件质量保障通过对软件过程进行全面监控，包括评审和审计软件产品和活动，验证其是否符合相应的规程和标准，并向管理者提供这些评审和审计的结果。

软件质量保障必须以独立审查的方式展开，执行 SQA，以得到高质量的软件产品，主要实现以下几方面的目标。

- 选定的开发方法被采用；
- 选定的标准和规程得到采用和遵循；
- 进行独立的审查；
- 偏离标准和规程的问题得到及时反映和处理；
- 项目定义的每个软件任务得到实际执行。

从软件质量保障的目标中可以看出，软件质量保障类似于过程监察，主要职责是检查开发和管理活动是否与既定的过程策略、标准和流程一致，工作产品是否遵循模板规定的内容和格式。从事软件质量保障的人员应与项目组相互独立，以确保评价的客观性。

软件质量保障过程如图 2-1 所示。在项目启动时，就要按质量保障计划进行，明确需要执行的质量保障活动，指明质量保障活动的时机和方法。在软件开发过程中，要监控和执行质量保障计划，在开发活动达到一个里程碑时，要及时根据质量保障计划进行质量验证。质量验证的方法主要有评审、测试和质量度量 3 种。

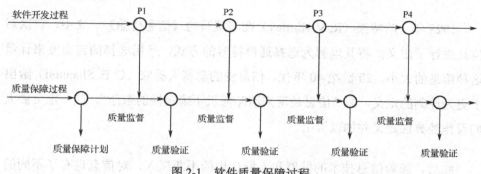

图 2-1　软件质量保障过程

　　软件质量保障活动示例如表 2-3 所示（在实践中，软件交付完成后还会要求进行交付计划评审，软件维护阶段还会要求进行回归测试和维护度量）。

表 2-3　软件质量保障活动示例

里　程　碑	质量保障活动
需求开发	需求评审、需求度量
体系结构	体系结构评审、集成测试（持续集成）
详细设计	详细设计评审、设计度量、集成测试（持续集成）
实现（构造）	代码评审、代码度量、测试（测试驱动、持续集成）
测试	测试、测试度量

2.3　软件安全

2.3.1　信息与信息安全

1. 信息

　　"信息"一词在英文、法文、德文、西班牙文中均是"information"，日文中为"情报"，我国台湾称之为"资讯"，我国古代用的是"消息"。在人类社会的早期，人们对信息的认识比较肤浅和模糊，对信息的含义没有明确的定义。到了 20 世纪特别是中期以后，随着科学技术的发展，尤其是信息科学技术的发展，对人类社会产生了深刻的影响，迫使人们开始探讨信息的准确含义。

1928 年，哈特莱（R. V. Hartley）在其撰写的《信息传输》一文中，首次对信息进行了定义，将其理解为选择通信符号的方式，且用选择的自由度来计量这种信息的大小。20 世纪 40 年代，信息论的奠基人香农（C. E. Shannon）给出了更为深刻的定义，即"信息是用来消除随机不确定性的东西"，这一定义被人们看作经典性定义并加以引用。

此后，随着信息技术的发展和人们认识的不断深入，对信息也有了不同的理解。据不完全统计，有关信息的定义有 100 多种，它们都从不同侧面揭示了信息的特征与性质。

为了进一步加深对信息概念的理解，表 2-4 讨论一些与信息概念关系特别密切但又很容易混淆的概念。

表2-4　信息及其相关概念

概 念 类 型	区 别 描 述
信息与消息	消息是信息的外壳，信息则是消息的内核。也可以说，消息是信息的笼统概念，信息是消息的精确概念
信息与信号	信号是信息的载体，信息是信号的载荷
信息与数据	数据是记录信息的一种形式，信息可以由文字、图像、声音、手势等传递。在计算机系统中，所有的文件都由数据表示，此时，信息等同于数据
信息与情报	情报通常指秘密的、专门的、具有新颖性的消息，所有的消息都可以看作情报，但并非所有的信息都是情报
信息与知识	知识是信息的抽象，是一种普遍的和概括性的信息，是信息的一个特殊的子集。也就是说，知识就是信息，但并非所有的信息都是知识

综上所述，一般意义的信息定义为：信息是事物运动的状态和状态变化的方式。如果引入必要的约束条件，则可形成信息的概念体系。信息有许多独特的性质与功能，它是可测度的，因此才导致信息论的出现。

从 20 世纪 40 年代起，人类在信息的获取、传输、存储和检索等方面的技术与手段取得了突破性进展，尤其是随着计算机系统和网络的迅速普及，信息技术的应用不断深入和广泛。信息技术定义为，在计算机和通信技术的支持下，用以获取、加工、存储、变换、显示和传输文字、数值、图像、视频、音频及语音信息，并且包括提供设备和信息服务两大方面的方法与设备的总称。

在信息技术中，信息的传递是通过现代通信技术完成的，信息处理是通过各种类型的计算机（智能工具）来完成的，而信息要被利用，又必须是可以控制的，因此也有人认为信息技术可简单归纳为 3C：Computer（计算机）、Communication（通信）和 Control（控制），即

$$IT=Computer+Communication+Control$$

随着信息技术的迅速发展，随之而来的信息在传递、存储和处理中的安全问题，并越来越受到广泛的关注。

2. 信息安全

信息安全是一个广泛而抽象的概念，也是一门既古老又年轻的学科。所谓信息安全，就是关注信息本身的安全，不论保存信息的是一台计算机还是一张纸，也不论处理信息的是一个大到包含几万台设备的信息系统还是一块小到几平方毫米的芯片产品，只要可能存在信息安全问题，就都属于信息安全研究的范畴。只是最近几十年来，随着 IT 技术和网络技术的快速发展，信息系统和信息产品广泛应用，信息安全内涵不断丰富，不仅涉及计算机和网络本身的技术问题、管理问题，而且还涉及法律学、犯罪学、心理学、经济学、应用数学、计算机基础科学、计算机病毒学、密码学、审计学等学科。

事实上，信息安全并不是一个新生事物，而是古已有之。相传在中国周朝就出现了“阴符”的保密方法。所谓阴符，就是事先制作一些长度不同的竹片，然后约定好每个长度的竹片代表的内容，比如，三寸表示溃败，四寸表示将领阵亡，五寸表示请求增援，六寸表示坚守……一尺表示全歼敌军等。

此后，南宋还出现了密写的先进技术。据《三朝北盟汇编》记载，公元 1126 年，开封被金军围困之时，宋钦宗“以矾书为诏”。因为“以矾书帛，入水方见”，

只有把布帛浸入水中，隐藏其上的字迹才会显露出来，金人不知道此术，也就无从知晓情报的内容。除此之外，还有将情报写于丝绸或纸张上，然后搓成圆球用蜡裹住藏在信使身上或将其吞入腹中传递的方法，这种保密性传递方法一直沿用至清朝。

到了近代，计算机技术和网络技术的迅猛发展，极大地推进了信息化和网络化的进程，把人类带入了一个崭新的信息时代。信息系统广泛应用于军事、金融、电信、证券等各个领域。信息时代给全球带来了信息技术飞速发展的契机，但与此同时，也给信息的安全性带来了全新的挑战，信息安全问题变得尤为突出。

目前普遍认为，信息安全应至少满足 3 个目标，即保密性（confidentiality）、完整性（integrity）和可用性（availability）。

- 保密性：信息不被泄露给未经授权者的特性，保证机密信息不会泄露给非法用户。
- 完整性：信息在存储或传输的过程中保持未经授权不能改变的特性，即保持数据的一致性，防止数据被非法用户修改和破坏。
- 可用性：信息可被授权者访问并按需求使用的特性，即保证合法用户对信息和资源的使用不会被不合理地拒绝。

但信息安全本身并没有明确和统一的定义，下面介绍几种常见定义。

《中华人民共和国计算机信息系统安全保护条例》定义为："保障计算机及其相关的和配套的设备、设施网络的安全，运行环境的安全，保障信息安全，保障计算机功能的正常发挥，以维护计算机信息系统的安全"。

国际标准化委员会的定义为："为数据处理系统而采取的技术的和管理的安全保护，保护计算机硬件、软件、数据不因偶然的或恶意的原因而遭到破坏、更改、显露"。

　　英国信息安全管理标准的定义为："使信息避免一系列威胁，保障商务的连续性，最大限度地减少商务损失，最大限度地获取投资和商务的回报，涉及信息的保密性、完整性、可用性"。

　　目前，能够对信息安全造成威胁的因素多种多样，比如自然灾害、软硬件故障，但最突出、最难以防范的是来自人的威胁，尤其是出于主观恶意目的的威胁。鉴于恶意人员能够主动发掘、查找、分析信息在存储、处理和传输过程中的各种可能漏洞，并利用这些漏洞发起攻击，因此，实现信息安全的保密性、完整性和可用性的难度很高。这也是信息系统区别于传统控制系统最大的不同点。

　　鉴于这一特点，信息安全需要从风险分析的角度处理问题。从信息所有者角度来看，信息及信息的载体是一种重要的资产，它由 IT 产品和系统进行存储、处理和传送，以满足信息所有者预期的目的。鉴于威胁主体可能通过不同方式对资产产生威胁，从而造成信息安全风险，信息所有者为了确保信息的保密性、完整性和可用性，会通过各种防护措施严格控制信息的传播和修改，并且通过一些保护措施对资产进行保护以抵御威胁。图 2-2 所示为信息安全风险分析关系图，说明了这些概念及其关系。

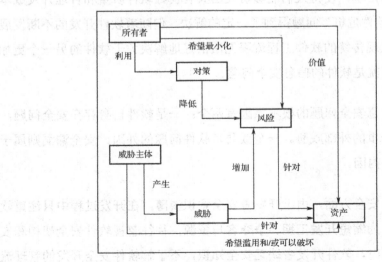

图 2-2　信息安全风险分析关系图

对信息进行保护是信息所有者的责任。威胁主体可能试图以危害信息所有者利益的方式滥用资产。威胁主体包括黑客、恶意用户、非恶意用户和意外事故等。

由于威胁主体可能采用各种威胁方式滥用或破坏资产，例如，使资产丧失保密性、完整性和可用性，从而增加资产的风险，因此资产的所有者要实施对策对资产进行保护，这些对策包括 IT 对策（如防火墙、智能卡）和非 IT 对策（如警卫和制度）等，以降低资产面临的风险，最终确保资产的价值不受损害。

2.3.2　软件安全概述

从信息的角度讲，软件既是处理信息的工具，又是保护信息的手段，同时自身也可能是重要的信息资产。软件既能够对信息进行存储、处理和传输，如操作系统和数据库软件，又能够对信息进行安全防护，如身份鉴别、访问控制、数据加密等安全功能软件，同时，软件自身也可能是需要保护的对象，如银行的财务转账软件等。

软件工程的出现，使得人们能够研发出具有良好软件质量和合理开发成本的软件产品，"软件危机"问题得到了一定的解决。但随着软件开发的不断发展和实践，人们发现传统的软件工程流程无法很好地解决关于软件的另一个更加重要的问题，那就是软件的信息安全问题。

软件存在信息安全问题的根本原因有两个：一是软件自身存在安全问题，二是软件面临严重的外部威胁。安全威胁是软件问题的外因，安全漏洞则属于软件安全问题的内因。

在软件自身安全方面，由于开发者安全意识淡薄，在开发过程中只注重软件功能的实现，为缩短开发工期、争夺客户资源，往往忽视软件安全架构和安全防护措施；同时，软件开发者缺乏安全知识，不了解软件安全开发的管理流程和方法，以及安全漏洞的成因、技术原理与安全危害，无法将软件安全需求、安全特性和编程方法相互结合；而且，软件功能越来越强，功能组件越来越多，软件代码量呈指数级增加，软件的分布式、集群式和可扩展架构，使软件内部结构错综复杂，这些都加重了软件的安全问题。研究显示，软件漏洞的增长同软件复杂性、代码行数的增长呈正比，即"代码行数越多，缺陷也就越多"。

在外部威胁方面，网络技术拓展了软件的功能范围，但同时也给软件带来了更大风险。恶意攻击者可以获得更多机会来访问软件系统，并尝试发现软件中存在的安全漏洞，他们可以很容易地从网络中获取各种病毒、木马，并大肆传播。黑客攻击已从个体行为发展为实施商业犯罪并从事地下黑产，造成敏感信息的泄露及现实资产的损失。

因此，软件安全需要兼顾考虑产生安全问题的内因和外因，既要考虑软件本身的"质量"，使软件能够按照既定的设计目标持续、可靠地运行，又要确保软件能够抵御外部攻击，并且能够从可能的故障中快速恢复。换句话说，软件安全既要遵循软件工程的基本原理和方法，同时又需重点考虑软件的安全属性。

对于一款安全的软件，必须满足以下 3 个安全属性。

（1）可靠性：具备可靠性的软件在所有条件下都应正常地执行预期的功能，即使运行在恶意的主机上或遭受到可能的攻击。

（2）可信性：具备可信性的软件包含很少的可以被用来破坏软件可靠性的漏洞。此外，具备可信性的软件不应包含会导致软件恶意行为的功能或模块。

（3）可生存性（也称"可伸缩性"）：具备可生存性的软件应足够灵活，能够：

- 尽可能地抵御（即保护自己免受攻击）或容忍（即保证自身继续可靠运行）已知的攻击和未知的攻击；
- 对于不能抵抗或容忍的攻击，能够尽快恢复，并尽可能减少对软件的损害。

实现软件安全最有效的方法是在软件开发生命周期中，严格遵守与安全开发、部署和维护相关的原则和实践。实践经验表明，在软件开发生命周期中尽早地纠正弱点和漏洞，会比在软件发布后频繁地发布修补程序更具成本优势。在软件开发生命周期中，许多因素会影响软件的可靠性、可信性和可生存性，包括：

- 软件开发的原则和实践：用于软件开发的实践措施和用于管理开发的原则；
- 开发工具：用于设计、实施和测试软件的编程语言、库和开发工具，以及开发者的使用方法；
- 第三方组件：如何评估、选择和集成现货软件（COTS）和开源软件（OSS）；
- 部署配置：在安装过程中如何配置软件；
- 运行环境：由其底层和运行环境提供给高层软件的保护特性和配置；
- 从业者知识：软件分析者、设计者、开发者、测试者和维护者的安全意识和知识水平等。

传统的软件开发模型主要包括瀑布模型、螺旋模型、增量模型等。它们主要关注软件开发过程中的开发质量、开发效率等方面，并没有对软件安全进行过多的关注。由于模型中缺少对安全的关注，往往会在软件项目的开发过程中给软件产品带来各种安全隐患，使软件的安全性无法得到保障，最终可能会由于软件中存在的某个安全漏洞导致软件开发商和最终用户都遭受不同程度的损失。在软件生命周期的各个阶段，如果缺乏良好的安全意识，则可能给软件产品带来如表 2-5 所示的各种安全问题。

表 2-5　软件开发生命周期各阶段的安全问题

软件开发生命周期各阶段	安 全 问 题
需求分析阶段	没有明确用户对安全性方面的需求
软件设计阶段	软件设计中没有进行安全性考虑； 软件设置中存在安全漏洞

续表

软件开发生命周期各阶段	安 全 问 题
软件编码阶段	代码中存在漏洞，如 SQL 注入漏洞，对入口参数没有进行有效性验证； 为了测试方便，开发人员在程序中留下后门； 开发人员在程序中植入恶意代码； 引用没有经过安全性测试的开源代码
软件测试阶段	没有对软件进行安全性测试
软件维护阶段	软件产品发布后没有对软件进行合理的保护，造成软件被破解或非法复制； 历史遗留的软件项目源代码和文档缺失，造成即使发现安全漏洞也无法修改的局面

可以看出，传统的软件开发模型中并未涵盖对于软件安全的意识、规则及最佳实践，因此无法使用这些模型来开发安全的软件产品。为了改变这种状况，应该对传统的软件开发模型进行安全方面的改造，使软件安全能够在软件开发的整个流程中都得到重视，这样才能开发出相对安全的软件产品。

2.3.3　安全功能软件与安全软件

安全功能软件是执行安全功能的软件，重在软件的功能，而安全软件是软件的一种安全性需求，是指软件质量的一种属性。例如，文件加密软件、电子签章系统都属于安全功能软件，因为它们提供了数据加/解密、数字签名等安全功能，而 Word 属于字处理软件，它本身基本不提供安全功能，但是由于其不断被曝出诸如远程执行、类型混淆等漏洞，因此，微软需要不断地对 Word 软件进行更新，确保其安全性。因此，安全功能软件作为软件的一种，既有其特殊性，又有其普遍性。

从软件自身的角度讲，安全功能软件是一种较为特殊的软件，是为了实现身份鉴别、访问控制、数字签名等安全功能。如果系统没有正确实现这些功能，那么无论这些功能是否包含可被利用的漏洞，系统都无法保护其存储、处理、传输的信息，系统都将是不安全的，这是安全功能软件的特殊性。

但与此同时，安全功能软件与非安全功能软件一样，都面临相同的安全威胁，存在相同的风险，需要解决相同的安全问题。因此，即使安全功能软件实现了预期的身份鉴别、访问控制、数字签名等功能，但由于本身可能存在安全漏洞，造成安全功能被篡改或旁路，因而并不能保证自身及其交互行为的安全性，这是安全功能软件的普遍性。

鉴于安全功能软件一旦存在漏洞，就可能将系统重要信息暴露给攻击者，给信息的所有者造成严重损失，因此安全功能软件也被称为关键软件，在安全上需要予以更多的关注，花费更高的代价，以确保安全功能软件功能操作的正确性及功能自身的安全性。

2.3.4　软件安全与硬件安全

在讨论安全时，大家往往更关注软件的安全性，而较少讨论硬件的安全性。而事实上，硬件作为软件运行的基础环境，为软件操作提供所有的硬件资源，其安全性也非常重要。

在 Intel 2017 年公布的一份安全报告中，承认近 3 年的处理器中，管理引擎 ME 11.0.0～11.7.0 版本、可信赖执行引擎 TXT 3.0 版本、服务器平台服务 SPS 4.0 版本里，共存在多达 11 个安全漏洞。2018 年，Google 旗下的 Project Zero 安全团队又曝光了 Intel CPU 存在的 "Meltdown"（熔断）和 "Spectre"（幽灵）两个漏洞。黑客可利用该漏洞绕过操作系统及其他安全软件，使用恶意程序来获取操作系统和其他程序的被保护数据，造成内存敏感信息泄露，窃取计算机、手机和云服务器上的用户密码或加密密钥。

虽然如此，硬件安全获得的关注度低于软件安全也是合理现象。从风险评估的角度讲，硬件安全的需求（防御措施）主要来源于硬件安全风险，而硬件安全风险分析主要考虑 3 个因素：硬件资产、威胁和脆弱性。硬件资产是指需要保护的硬件及其承载的信息；威胁一般是指威胁主体、资源、动机、途径等，在此我们关注由攻击者发起的威胁；脆弱性是指硬件本身存在的可被利用的脆弱性。

对一个信息系统而言，首先，网络设备、服务器等硬件资产通常部署在机房或安全环境中，具有较好的物理防护措施，攻击者通常很难直接接触到硬件资产；其次，攻击硬件对攻击者的知识储备要求较高，通常需要了解硬件原理，如集成电路设计、硬件指令集等，而大部分信息安全人员没有相关知识背景；最后，攻击硬件可能需要借助昂贵的仪器和设备，很多个人攻击者在经济上无法负担。

因此，硬件设备面临的安全风险在目前低于软件，硬件安全风险仅在一些特定应用领域比较普遍，如智能卡芯片（银行卡、社保卡、SIM 卡等）、密码设备、军用设备等。

2.3.5 信息系统安全与软件安全

信息系统安全结合了系统工程技术，如纵深防御（DiD）措施（如应用层防火墙、可扩展标记语言（XML）、安全网关、沙箱、代码签名）和安全配置，以及操作安全实践，包括补丁管理和脆弱性管理。信息系统安全纵深防御措施主要通过使用边界保护来识别和阻止攻击模式，并使用受限的执行环境来隔离易受攻击的应用程序，从而最大限度地减少它们与攻击者的接触、与可信组件的交互。操作安全措施的重点是减少应用程序中脆弱性的数量或暴露程度（即通过修补），并反复评估剩余脆弱性的数量和严重程度，以及剩余漏洞可被利用的威胁，以便可以对纵深防御措施进行相应调整，以保持软件的有效性。

由于软件是信息系统的组成部分，软件本身的安全性对于确保系统的安全性至关重要。然而，信息系统安全主要侧重于如何充分保护信息系统处理的信息的安全性，而很少或根本没有考虑到系统所依赖的这种保护机制是否可靠、可信、可生存。

例如，信息系统安全主要通过在网络、操作系统、中间件和应用层采取安全机制和对策来实现。这些机制和对策可能是预防性或响应性的。预防措施可能包括：

- 网络级和数据级加密；
- 电子签名；
- 防火墙、代理过滤器和安全网关；
- 蜜网和蜜罐；
- 入侵检测和预防系统；
- 病毒扫描程序和间谍软件检测器；
- 网络流量监测和趋势分析；
- 用户的识别、认证和授权；
- 数据和资源的访问控制；
- 用户活动记录/审计和不可否认措施；
- 移动代码控制；
- 平台虚拟化（硬件或软件）。

响应措施可能包括：

- 恶意代码检测和清除；
- 组件冗余，允许自动从受损组件切换到非受损的冗余组件；
- 漏洞修补。

因此，软件安全和信息系统安全是内在相关并且相互支持的，软件安全的许多原则对系统安全同样适用，但是这些原则可能会有所不同。例如，软件安全在很大程度上依赖于源代码中包含尽可能少的缺陷，相比之下，信息系统安全在很大程度上依赖于安全措施和对策，如密码学、访问控制和安全边界的实施。如果不能确保组成系统的软件的安全性，就不可能保证系统的有效性和安全性。

综上所述，信息系统安全的主要目标是保护信息系统中的信息免遭未经授权的泄露（违反保密性）、未经授权的修改（违反完整性）或未经授权的拒绝服务（违反可用性）。总之，信息系统安全主要保护系统内的信息。因此，信息系统安全策略也可以理解为信息系统与其需要保护信息之间的关系和责任。

2.4　软件安全保障

理想情况下，安全软件是不存在任何安全漏洞，并且能够抵御各种攻击的软件。现实中这样的软件是不可能存在的，因为安全威胁无处不在，软件需求、设计和开发过程都依赖人员、过程和技术来实现，这些都可能导致软件的脆弱性。

软件保障的目标是通过一系列的技术、方法、规则和规程等措施，对软件能够始终展示预期属性的能力建立合理的信任。这些属性包括质量、可靠性、正确性、可用性、互操作性、容错性，以及本书关注的信息安全性。

软件安全保障（Software Security Assurance）是指确保软件能够按照开发者的预期，提供与威胁相适应的安全能力，从而维护软件自身的安全属性，避免存在可以被利用的安全漏洞，并且能从被入侵和失败的状态中恢复。

软件安全保障的目标是使软件可以规避安全漏洞，按照预期的方式执行其功能，以增强开发者和使用者的信心。需要指出的是，在软件保障和软件安全保障的定义中，保障的含义是指通过一系列的措施向开发者或使用者提供一种信任。这种解释在汉语中容易造成困惑，因为在汉语中，保障通常指采取的保护行为或措施，并没有信任的含义。但是，在英语中，牛津字典"assurance"的解释为"a binding commitment to do or give or refrain from something"及"a statement intended to inspire confidence"，即"对于执行、给予或避免某事所做的有约束力的承诺"和"旨在激发信心的声明"。因此，assurance 具有承诺和信任的含义。

软件安全保障的思路是在软件开发生命周期的各阶段采取必要的安全考虑

和相应的安全措施，尽管不能完全杜绝所有的安全漏洞，但也可以做到避免和减少大部分安全漏洞。

在软件安全保障中，需要贯彻风险管理的思想。由于软件自身存在漏洞，而客观上又存在外部威胁，一旦条件满足，势必会造成安全问题，给软件的执行结果带来影响。软件用户需要树立软件安全控制的信心，该信心是通过保障活动获得的。安全保障的作用是试图证明软件系统已经满足了其安全目标，使用户对降低预期的风险抱有信心。如果软件安全控制是正确的和足够充分的，那么软件系统完成预定任务时可能面临的风险就是用户可接受的，用户就会对软件有信心。

软件安全保障之所以重要，是因为很多信息系统的功能（从金融、医疗、电信、航空直到国防等）都取决于正确的、可预测的软件操作。可以肯定地说，在当今世界，如果软件密集型系统所依赖的软件出现故障，那么信息系统将会瘫痪，同时也将极大地影响人们的社会生活。

2.5　影响软件安全的要素

关注软件安全的开发人员，会充分意识到软件漏洞可能来源于软件设计和实施的任何方面：从安全需求调研不足、设计考虑不周、编程语言和工具缺陷直到配置错误。

解决这些问题的唯一途径是进行良好的安全知识学习和培训：需求分析人员必须了解如何将软件的需求变为可操作的安全要求；设计者必须认识到与安全的设计原则相抵触的软件架构；程序员必须遵循安全的编码实践，避免编码错误，发现和删除可能出现的缺陷；软件集成商必须识别并降低易受攻击组件的安全风险，无论这些组件是自定义的还是开源软件，必须了解如何将这些组件进行集成，并最大限度地减少和暴露漏洞。

1. 开发目的

在软件开发生命周期中添加安全实践的主要目的是建立一个集成了安全意图的开发过程，以便：

- 开发者能够充分地获取安全需求，而且在软件开发时，做出正确的架构选择，在实现中避免编码错误；
- 防止具有恶意意图的开发者将可利用的漏洞或恶意逻辑植入软件中；
- 确保软件能够安全地运行、安全地与外部实体交互。

2. 软件开发生命周期中的关键要素

1）对生命周期各阶段的出口和入口进行安全检查

应对生命周期各阶段的出口和入口进行安全检查。出口检查旨在确保该阶段的成果，如规范、体系架构、设计、代码等，足以作为下一阶段开展工作的基础。例如，规范检查应确认该规范是明确的、详细的和可追溯的，规范应足够详细，以支撑体系架构和设计要求，确保软件能够充分展示包括安全性在内的所有必需的属性。

对于安全软件，出口检查应确保该阶段所有安全要点都得到了明确和充分的处理。简而言之，在离开某阶段时，对于该阶段的成果，评估人员应能确信这些成果不包含潜在的安全问题，如安全需求不足、设计选择不当、编码错误、安全缺陷等。出口检查的评估方法包括同行评议、需求和设计评审、代码审查、安全测试和安全审核等。

入口检查的目的是根据上一阶段出口检查中发现的问题，对本阶段的成果进行调整，以适应新的变化。例如，在软件设计中可能包含了安全环境假设，该假设假定存在商业软件或开源代码能够实现某些安全功能。然而，当发现与实际情况不符时，比如该安全功能必须定制，那么可能导致在入口检查时将采用一个替代机制来解决该问题，而不是要求修改前一阶段的成果。此类更改可能向前传播，甚至需要调整体系架构或需求规范。

例如，需求规范中可能规定用户输入接口应接受所有输入，然后通过过滤模块过滤掉不合法的数据，以减少潜在的攻击。但在设计阶段，可能发现输入过滤模块过于复杂，会增加过多的处理开销。这样，输入接口过滤就会与系统的性能要求发生冲突。此时，不需要重新设计一个低开销的过滤模块，只需修改需求规范，规定在用户输入接口应首先阻止不可接受的输入，然后再对数据进行处理。

2）安全原则和实践

所有开发过程及其成果都符合安全体系架构、设计、编码及测试的原则和实践。

3）完备的需求规范

软件需求规范应是完备的、充分的，并考虑了所有的约束要求，如"负面"要求及非功能性要求（如对开发和评估过程的要求、对操作的限制等），以确保软件的可靠性、可信性和可伸缩性。

4）完备的体系架构和设计

应对软件体系架构和设计进行审查，以确保它们：

（1）正确反映了软件运行环境的假设，包括软件运行环境的更改，如软件与运行环境接口的更改、运行环境操作状态的更改等。预期环境的更改应包括由攻击造成的更改，以及环境异常和输出异常造成的更改等。

（2）正确反映了软件自身状态变更的假设，这样的变更可能是由于软件未能阻止环境变更而采取的主动防御行为。这些假设应包括所有可能的操作条件，而不限于"正常操作"环境下的操作条件，不仅应包括外部攻击，还应涵盖软件自身可能存在的恶意代码。

（3）为软件运行提供可靠的环境，包括：

- 软件在预期的运行环境中能够以可靠的方式运行;
- 仅对外部组件/服务、管理员控制台和用户提供适当且安全的接口;
- 预测可能由误用和滥用引发的错误而造成的所有可能的状态变更。

（4）解决商用现货软件（COTS）和开源软件（OSS）相关的安全问题。例如,应对 COTS 和 OSS 进行安全审查,防止 COTS 和 OSS 在运行过程中执行不可信代码。同样,在开源代码组件中,应确定如何处理死代码,删除或隔离不必要代码,以防止攻击者对这些代码进行访问和执行。

5）安全编码

编码应遵循安全编码标准和实践。代码的静态安全分析应在整个编码过程中迭代执行,以确保在单元测试和集成之前能够消除潜在安全隐患。

6）软件集成

软件集成过程中应注意以下问题。

- 确保所有编程接口和过程调用都是内在安全的,或者添加了安全机制;
- 最大限度地减少高风险和已知易受攻击的组件暴露于外部。

集成测试应侧重于充分地测试软件,以便对由于组件之间的交互而造成的任何意外或漏洞有全面的了解。

7）安全测试

应在软件实现过程中开展面向安全的审查和测试。测试计划应包括在预期条件、软件异常、恶意环境等条件下的测试,使测试者能够确定软件在所有条件下的可靠性、可信性和可生存性。

8）安全分发和部署

安全分发和部署应遵循安全实践,包括:

- 在传送至网站或刻录到介质前,审查可执行文件,删除不安全的代码结构和敏感数据，关闭开发过程中预留的接口等；

● 在通过媒介或通信信道进行软件分发时，确保软件不受篡改，可以采用数字签名或数字版权管理机制；

● 将默认配置设置为最小权限，配置指南中包含详细的信息，当安装者更改默认配置时，能够给出风险提示；

● 在用户和管理员指南中应清楚地描述软件的安全特性和安全约束。

9）安全维护

维护、漏洞管理和补丁分发符合安全维护原则和实践。鼓励用户安装补丁程序并持续更新，以最大限度地减少漏洞。

10）支撑工具

用于增强软件安全性的开发工具、测试工具、部署工具，以及相关的安全实践应贯穿于软件开发的整个生命周期。

11）配置管理系统和管理流程

应使用安全的配置管理工具和流程对软件的相关成果，如源代码、需求规范、测试结果等进行变更控制，防止恶意开发者、测试者或内部人员进行非授权的修改。

12）具备安全知识的开发者

安全知识能够使开发者了解软件开发的安全原则和工程实践之间的对应关系。安全教育和培训不应仅简单地解释哪些安全概念和原则相关，它应说明哪些概念和原则可直接应用于工程实践，以及如何用于软件的设计、实施和维护。教育和培训应使开发者能够区分安全开发行为和威胁软件安全的行为，并在开发过程中自觉地履行安全开发规范。

13）管理层承诺

机构管理层应在资源、时间、业务优先级和组织文化等方面提供足够的支持。这包括提供适当的工具，规定安全的开发标准，采用激励制度促进安全的软件开发，为开发者教育和培训提供足够的资源，并对不安全做法进行惩罚。

2.6　软件面临的威胁

软件面临的威胁涵盖了软件开发过程中的所有要素，包括参与者、执行环境及意外事件等，它们都可能会对软件本身或软件希望保护的数据或资源造成危害。按照目的不同，威胁可分为无意的、故意但非恶意的（如安全测试）或恶意的（安全攻击）等。

虽然上述 3 类威胁都有可能危及软件的安全，但只有恶意威胁才称为攻击。对软件的大多数攻击均利用了软件的某些漏洞，因此，"攻击"通常与"漏洞利用"交替使用，攻击指的是针对目标软件的行为，漏洞利用指执行该行为的机制。

软件的威胁贯穿于其整个生命周期。在开发和部署过程中，大多数威胁是"内部"威胁，如来自开发者、测试者、配置管理员和安装人员等的威胁。他们的威胁可能是无意的、故意但非恶意的或恶意的。表 2-6 列出了软件生命周期的 3 个阶段可能的威胁示例。

表 2-6　软件生命周期的 3 个阶段可能的威胁示例

威胁类别	开　发	部　署	操　作
无意的	开发者错误地更改了软件某项功能的源代码并进行编译，生成软件； 程序员使用不安全的库编写了一个 C 模块	管理员意外地将"全局"写权限分配给了软件的安装目录	HTML 输入没有验证，用户可以输入超长数据
故意但非恶意的	为了满足软件性能要求，开发者删除了可能会增加性能开销的输入验证功能； 为了能够在规定的期限内交付源代码，程序员放弃了代码安全审查	管理员将"root"权限分配给只能以"root"身份运行的软件	用户通过反复输入不同的命令组合，以绕过耗时的下拉菜单输入界面； 用户反复刷新和重新提交相同的数据给一个不是用来反馈信息的应用软件

续表

威胁类别	开　发	部　署	操　作
恶意的	程序员故意在源代码中注入漏洞和后门； 集成商将逻辑炸弹隐藏到开源代码中	安装者未修改软件的默认密码，使软件更易被攻击； 管理员将应用防火墙配置为允许包含可执行脚本的 URL	攻击者向基于 Web 的数据库应用程序发起结构化查询语言（SQL）注入攻击； 开发者向 Web 应用程序提交一个预定义的数据，以触发其在该应用中放置的逻辑炸弹

软件安全开发实践旨在减少对软件无意和非恶意的威胁，同时降低软件在面对恶意威胁时的脆弱性。例如，减少编码错误的数量并降低其影响，同时尽量减少软件可被利用的漏洞数量。

并非所有攻击都针对软件本身。表 2-7 列出了间接攻击的目标，即对软件之外的其他组件进行攻击也可能会使软件受到破坏。

表 2-7　间接攻击的目标

目　标	攻击和对象
软件边界或表面	在软件边界（或表面）触发外部故障（如在接口机制中），可以使软件容易受到直接攻击
执行环境	将软件执行环境状态从正常状态引导至不正常或意外状态，导致软件的错误行为，进而构建一种能够被利用的漏洞
恶意代码的触发	各种事件都可能触发恶意代码，如时间炸弹、逻辑炸弹和特洛伊木马。这些事件包括计算机时钟到达某一特定时间、正在打开或关闭特定文件或接收到某一参数值等情况
外部服务	大多数软件都依赖其他软件服务来执行某些功能，如用户身份鉴别、签名验证或者提供纵深防护。外部服务的损坏或失效可能导致软件无法预知的行为，同时外部防护的失效可能使软件更易受到直接攻击

2.6.1　软件漏洞的发掘

如今，绝大多数公开报道的安全攻击事件都有一个共同特点，即它们都是利用软件的漏洞进行的攻击。漏洞就是攻击者可以利用的脆弱点，在未授权的状态下实现对资源的非法访问或破坏。

尽管传统的漏洞定义（如微软对于漏洞的定义）主要指软件设计上的缺陷，

但在实际应用中，人们对于漏洞的理解远远超出了设计缺陷的范畴，不仅包括软件设计上的缺陷（Flaw），也包括软件编码过程中出现的 Bug，以及软件运行过程中出现的各种故障（Faults）。对于已有攻击的分析也证明，攻击成功最根本的原因在于系统设计缺陷、编码安全问题、不适当的配置和操作。因此，广义上讲软件的设计缺陷、编码错误及运行故障都属于软件漏洞的范畴。

下面介绍针对软件密集型系统及其组件的最常见的攻击类型。在大多数情况下，这些都有自动化工具支持。

1）侦察攻击

侦察攻击能够帮助攻击者了解软件及其环境的信息，以便能够更有效地执行其他攻击；攻击者通常对软件和运行环境的 COTS 和 OSS 及其版本特别感兴趣，因为通过此类信息能够很容易确定软件是否包含已知的漏洞。

尤其是零日漏洞，即当发现某个软件存在可被利用的漏洞时，软件供应商尚未发布补丁程序，这为攻击者创造了机会。对于零日攻击者，获得软件的信息越少，他们就越不容易发起攻击。

因此，需要在不透露软件过多信息的同时，获取必要的信息以启用诊断、修补、自动化支持等功能。对于软件中的关键组件，如果能够通过网络对其进行直接连接，则可能造成非常大的风险。因此，COTS 采购时应包括供应商采用离线方式提供技术支持、补丁等条款。

2）跳板攻击

跳板攻击的目的是使其他攻击更易成功。跳板攻击的例子是缓冲区溢出攻击，它用于注入恶意代码和提升权限。

3）信息泄露攻击

通过这种攻击，攻击者能够获取敏感数据（破坏保密性）。

4）篡改攻击

修改或破坏软件，以改变其运行方式（破坏完整性）。

5）饱和攻击

导致软件失败或阻止其被预期的用户访问，也称"拒绝服务"（破坏可用性）。

6）恶意代码攻击

将恶意代码注入软件并触发，或在软件的执行环境中执行恶意代码。

攻击者可以通过篡改输入数据，向软件注入恶意信息。因此，软件应对输入进行验证。验证的内容包括：

- 命令行参数；
- 环境变量；
- 统一资源定位符（URL）和标识符（URI）；
- 上传的文件内容；
- 平面文件（Flat File）导入；
- 超文本传输协议（HTTP）标头；
- HTTP GET 参数；
- 表格字段（特别是隐藏字段）；
- 选择列表和下拉列表；
- Cookies；
- Java 小程序通信数据。

开发者应尽量确保软件架构和设计信息不被暴露。这些信息包括：

- **网络组件：** 诸如与目标软件进行通信的网络服务和 TCP 端口，或用于阻止和过滤输入的网络安全设备；
- **系统本身的组件：** 在应用级别和中间件级别，包括软件服务、应用程序接口（API）、远程过程调用（RPC）、第三方软件组件；

● **执行环境组件：** 如操作系统，运行环境（包括代码解释器）或虚拟机中的漏洞、隐蔽通道等。

2.6.2　造成软件漏洞的原因

造成软件漏洞的主要原因包括：

1）恶意的开发者、集成者和测试者

在进行软件设计、实现和测试时，恶意的开发者、集成者和测试者故意植入漏洞或保留漏洞。在本书中，将认为恶意开发者在 SDLC 阶段一直存在。

2）软件开发者的无知或疏忽

开发者、测试者、配置管理员未能对安全威胁进行充分的识别和分析，以做出正确的选择，未使用专业的工具来支持安全 SDLC 实践。

软件安全开发知识不仅可以提高开发者的技能，还可以让他们认识到，安全的软件工程虽然看上去麻烦且费时，但实际上可以使他们更容易开发安全性更好的代码，更顺利地通过测试，并增强易维护性。所有这些都会增强软件的可靠性、可信性和可生存性。

3）未赋予安全性正确的价值

重视安全性、效率、质量等的企业更容易开发出安全软件，而不是将安全视为合规性问题。这种思维转变必须扩展到负责设计、生产和维护软件的所有人。

4）工具不足

开发工具不支持安全开发实践和编程语言。

5）不完善的需求

● 制定的需求不正确或不完整；

● 未规定安全的行为，且未限制不安全的行为；

● 基于不准确或不完整的风险评估或攻击模型制定功能规范；

- 过多地考虑了商业风险（如解决成本、时间表、其他项目限制）而忽视了安全性。

6）架构和设计问题

- 采用了不安全的软件架构；
- 未根据安全设计原则进行设计；
- 未将安全要求纳入设计审查。

7）集成问题

- 未使用环境级别或其他附加组件进行安全保护；
- 在组件之间或组件与用户之间建立不合理的信任关系；
- 采用了包含已知漏洞或恶意逻辑的 COTS 和 OSS 组件。

8）实现问题

- 未根据安全编码原则和实践进行编程；
- 将缺陷引入了代码。

9）测试问题

- 未在软件测试计划中包含安全测试用例和标准；
- 未执行安全性测试以确定软件是否满足安全需求；
- 缺乏自动化工具来提高安全测试的效率和准确性；
- 未对安全测试结果进行分析；
- 未消除或减轻测试中发现的漏洞；
- 未在预期的运行环境中进行测试，不能确保测试结果的有效性。

10）分发和部署问题

- 在交付软件并进行分发和部署前，未清除残留的后门和敏感数据；
- 未能为软件及其运行环境定义具有限制性的默认配置；
- 未能提供准确的安装文档、管理员和用户文档；
- 在软件的示例代码中包含安全漏洞；

● 未能鼓励客户将软件升级到较新的安全版本。

11）维护问题

● 未能发布软件补丁来解决出现的漏洞；

● 未能在软件更新发布之前进行安全影响分析；

● 未能对软件 COTS 和 OSS 组件的补丁/更新进行安全影响分析；

● 未能对软件运行期间出现的问题进行分析（注意：在软件安全社区中，此类分析可确保识别并修复与安全相关的问题，从而避免问题再次发生）。

2.6.3　漏洞避免与安全性

当软件审查人员进行软件审查时，漏洞往往与其他"良性"的缺陷具有类似的特征：

● 它们能够被利用，以阻止软件以可靠、可信的方式工作；

● 它们会暴露给外部的攻击者。

识别、消除或减轻软件漏洞一直被认为是安全软件开发的基石，其中最重要的是开发者能够识别设计缺陷和编码错误。

开发者需要意识到用于构建软件的 COTS 和 OSS 组件可能存在漏洞，并且应避免使用包含漏洞的组件或技术。如果没有更好的选择，应实施漏洞缓解策略，以降低漏洞被利用的可能性。

然而，仅采用"漏洞避免"的方法对安全软件的开发帮助极为有限。首先，识别特定设计缺陷或编码错误是一种能力，而不是一门严谨的科学。而且，即使有可能准确地标记某些漏洞，百分之百地发现漏洞仍然无法实现，因为任何试图消除漏洞的措施都只能发现已知的漏洞，不能发现未知的漏洞。

因此，唯一的方法似乎是将所有设计缺陷和编码错误视为可能被利用的漏洞，并努力开发完全没有任何漏洞的软件。遗憾的是，这不可能实现。除极少数的小型嵌入式系统外，世界上还没有不存在漏洞的软件。

显而易见，"漏洞避免"虽然是一个理想的目标，但不应该成为软件开发的唯一目标。更为现实的目标应是：开发能够抵御大部分预期攻击的软件，该软件能够容忍大多数无法抵御的攻击，对于无法抵御和容忍的攻击，能够以最小的损失迅速恢复。

本书描述的安全原则和实践将帮助开发者开发满足上述目标的软件，即：

● 与大多数软件相比，包含较少的可利用的漏洞；
● 可以抵御、容忍大部分攻击，并能够从任何无法容忍的攻击中迅速恢复。

2.6.4　通用软件漏洞数据库

漏洞数据库是用来保存已知和已经发现的影响计算机系统及软件的漏洞的仓库。通过对以往漏洞的分析，人们发现大部分的漏洞是由软件实现的不足（如设计缺陷）造成的。为了更好地对漏洞进行管理，将漏洞的名称、描述、利用方式、潜在的影响及缓解建议集中起来管理，就成为软件漏洞数据库管理模式。这里介绍几个比较著名的通用软件漏洞数据库。

1. 国家漏洞数据库（NVD）

国家漏洞数据库（National Vulnerability Database，NVD）是美国政府漏洞数据管理仓库。NVD 采用安全内容自动化协议（Security Content Automation Protocol，SCAP）作为系统配置标准，为系统配置的脆弱性评估提供一种统一的方法，是促进对漏洞进行自动化管理、实现安全措施和政策遵从的相互协作规范。NVD 包括安全漏洞列表、与软件设计缺陷相关的漏洞、产品配置错误、受影响的产品和影响的严重程度，以及漏洞利用的方法和复杂程度等。

2. 计算机应急响应团队（CERT）漏洞备注数据库

计算机应急响应团队（Computer Emergency Response Team，CERT）漏洞分析项目旨在降低由于软件开发和部署阶段的脆弱点而导致的安全风险。在软件开发阶段关注漏洞发现，在软件运行阶段注重漏洞的修复。新发现的漏洞不断地加入漏洞备注数据库中，已经存在的漏洞根据风险状况不断进行更新。我国国家互联网应急中心 CNCERT 也提供漏洞信息服务，内容包括漏洞情况分析、影响程度及修复建议。

3. 开源的漏洞数据库

独立和开源的数据库如 OWASP 的漏洞项目、CVE 信息安全漏洞词典，致力于提供关于安全漏洞的准确、详细、最新的技术信息。

1）OWASP Top10 漏洞清单

从脆弱点和漏洞的角度考虑最普遍出现的应用安全问题，并在此基础上，从组织风险、技术风险和业务影响的角度将最常见的应用安全漏洞问题编制成表。

2）CVE

CVE（Common Vulnerability and Exposures，公共漏洞和暴露）是一个众所周知的信息安全漏洞词典，可以在全球范围内免费使用，并提供相应的漏洞修复信息。目前 CVE 漏洞数据库也推出中文版服务，是 CNNVD 主要漏洞数据来源之一。

3）CWE

CWE（Common Weakness Enumeration，通用缺陷列表）提供了一种用于描述软件结构、设计，以及软件安全漏洞编码的通用语言，可以在全球范围内免费使用，它的目标是提供一个标准化的限定的软件漏洞清单。

第3章 安全需求和威胁建模

需求分析是软件工程的起始阶段，软件设计、实现等后续阶段的正确性都以需求分析的正确性为前提。如果需求分析过程中存在纰漏，则其后的所有阶段都会受到影响，因此与需求有关的错误修复代价较高，需求分析对软件成败的影响较大。统计表明，在需求阶段发生的错误，如果到了维护阶段才发现，则在维护阶段进行修复的代价将是需求阶段修复代价的 100~200 倍。

需求分析的任务是深入描述软件的功能，确定软件设计的约束和软件同其他系统元素的接口细节，解决软件"做什么"的问题。如果没有需求分析，软件开发将会面临失败；如果没有对软件需求进行正确的理解、良好的记录和跟踪，开发者将无法保证软件能实现预期功能。缺乏需求分析可能导致软件产品质量低劣、开发工期拖延、范围蠕变，造成开发成本增加，因此在软件开发的起始阶段明确定义和表达软件需求至关重要。

软件安全需求应该是软件需求的一个必要组成部分，它描述了为了实现信息安全目标，软件应该做什么才能有效地提高软件产品的安全性，减少软件安全漏洞。美国国家标准技术研究所（NIST）指出，美国每年在软件安全性和可靠性方面进行故障处理和维修的费用高达 595 亿美元。这个代价表明一旦软件被部署到了真实的运行环境中，要提高它的安全性非常困难且花费巨大。

3.1 需求的定义与分类

3.1.1 软件需求

软件行业普遍存在这样一个问题，用于描述需求工作的术语没有统一的定义。对于同一项需求，不同的人会有不同的描述，如用户需求、软件需求、功能需求、系统需求、技术需求、业务需求或产品需求。在开发人员看来，客户对需求的定义可能只是高级别的产品概念；而开发人员的需求对用户来说也许就是详细的用户界面设计。需求定义的多样性导致了用户和开发人员之间的沟通问题。

需求工程是软件工程的一个分支，它关注软件系统应该实现的目标、软件系统的功能和软件系统应当遵守的约束，同时它也关注以上因素和准确的软件行为规范之间的联系，以及以上因素与其随时间或跨产品而演化之后的相关因素之间的联系。

IEEE 的软件工作标准术语表（1997）将需求定义为：用户为解决某个问题或达到某个目标而需具备的条件或能力；系统或系统组件为符合合同、标准、规范或其他正式文档而必须满足的条件或必须具备的能力；上述第一项或第二项中定义的条件和能力的文档表达。这一定义既体现了用户对需求的看法（系统的外部行为），又代表了开发人员的观点（一些内部的特性）。

需求工程通常有以下 3 个主要内容。

（1）需求工程必须说明软件系统将被应用的环境及其目标，说明用来达成这些目标的软件功能，还要说明在设计和实现这些功能时上下文环境对软件完成任务所用的方式、方法，所施加的限制和约束，即要同时说明软件需要"做什么"和"为什么"需要做。

（2）需求工程必须将目标、功能和约束反映到软件系统中，映射为可行的软件行为，并对软件行为进行准确的说明。需求规格说明是需求工程最为重要的成果，是项目规划、设计、测试、用户手册编写等很多后续软件开发阶段的工作基础。

（3）现实世界是不断变化的，因此需求工程还需要妥善处理目标、功能和约束随着时间的演化情况。同时，为了节省开支和进行需求规格说明的重用，需求工程还需要对目标、功能和约束在软件产品族中的演化和分布情况进行综合考虑与处理。

总之，需求是软件开发人员与用户密切合作，了解用户的需要、目的和期望，并进一步表述而成的定义性陈述，也是用户与软件开发人员之间契约的基础，主要面向用户，采用基于现实世界的描述模型，以便于用户理解。

3.1.2　软件需求分类

开发人员和用户使用不同的实体来描述产品的需求，最终要形成一个针对开发人员的需求规格说明。软件需求规格说明在设计、编码、测试、质量保证、项目管理及相关项目功能中都发挥着重要的作用。在实际需求分析中，要达成有效的软件需求规格说明，不同角色的人员之间的沟通问题不可小觑，一个很小的模棱两可的需求最终可能导致软件成品中一个灾难性的缺陷。因此，需要将软件需求分为不同层次，以便客户、开发人员和用户等不同角色人员之间达成需求的一致性，层层沟通，最终形成一个有效的软件需求规格说明。软件需求包括 3 个不同的层次：业务需求、用户需求和功能需求。软件需求的层次关系和软件需求规格说明的组成如图 3-1 所示。

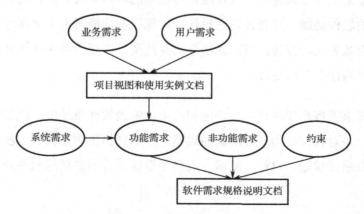

图 3-1　软件需求的层次关系和软件需求规格说明的组成

- 业务需求（business requirement）反映了组织机构或客户对系统、产品高层次的目标要求，它们在项目视图与范围文档中予以说明。
- 用户需求（user requirement）描述了用户使用产品必须完成的任务，它在使用用例（use case）文档或方案脚本（scenario）说明中予以说明。
- 功能需求（functional requirement）定义了开发人员必须实现的软件功能，使用户能完成他们的任务，从而满足业务需求。

从开发人员的角度来说，最终的软件需求规格说明是由功能需求、非功能需求和约束构成的，通过这 3 种需求能够完整、准确地描述软件系统的需求，解决软件"做什么"的问题。

非功能需求补充产品的功能描述，从不同方面描述产品的各种特性。这些特性包括可用性、可移植性、完整性、效率和健壮性，它们对用户或开发人员都很重要。虽然实现功能需求是第一要务，但非功能需求是保证功能得以正确工作的重要方面。例如，对于一个电子支付平台，开发者正确地实现了其支付功能，但是在用户支付过程中暴露了账户信息，从而使得用户有损失财产和暴露隐私信息的风险，那么这样的系统则是不健全的。

非功能需求方面常见的问题有以下两点。

1）信息传递的无效性

很多需求规格说明书会通过设计原则说明非功能需求，列出诸如高可靠性、高可用性、高拓展性等要求。但是很多开发人员忽略了这些内容，因为这样的定性描述是没有判断标准的，因此，这种信息传递方法是无效的。

2）忽略了非功能需求的局部性

诸如"所有的查询响应时间都应该小于 10s"的需求描述就忽略了局部性，因为当用户查询的统计数据量较大时，这样的需求是无法实现的，最终开发人员不会理会这类需求。因此，更科学的做法是根据具体的应用场景来描述。

约束限制了开发人员设计和构建系统时的选择范围，约束一般有以下 3 种。

1）非技术因素决定的技术选型

对于软件开发而言，有些技术选型并非由技术团队决定，会受到企业/组织实际情况的影响，如必须采用某种数据库系统等。

2）预期的运行环境

技术开发团队在决定架构、选择实现技术时会受到实际的软硬件环境的影响，如果忽略了这方面的因素，则会给项目带来一些不必要的麻烦。

3）预期的使用环境

除了系统的运行环境，用户的使用环境（使用场合、软硬件环境等）也会对软件的开发产生很大的影响，因此应注意搜集此类信息，并将其写到软件需求规格说明书的补充规约中。

3.1.3　软件安全需求

软件安全需求应该与业务功能需求具有同样的重要性，并对业务功能需求具有约束力。一个缺少安全需求分析的软件将无法保证信息的保密性、完整性和可用性。如果在开发过程中没有考虑安全问题，那么这个软件产品被攻破可能就只是一个时间问题，而不是条件问题，这取决于攻击者对于软件价值的判断。

从需求工程来说，它使用功能目标的概念，通过适当的限制将功能目标转化为功能需求。从安全工程来说，它采用资产和破坏资产的威胁的概念。安全目标旨在防止这些威胁，并且被视为安全需求，在功能需求上加以限制。但是，关于安全需求仍然缺乏令人满意的定义。安全需求通常具有以下特点。

1）安全需求的动态性

不管在什么时候，一旦一个新的功能需求被提出，安全目标就可能有变化，安全需求必须被评估。开发者不能认为现有的安全需求能够满足新的功能要求。

比方说，要实现可用性目标，一种常规的方式是数据备份，这样需要引入数据备份功能。但是如果不限制使用这个功能，将会破坏数据的保密性。所以，必须考虑基于访问控制的安全需求。也就是说，虽然原始的安全目标没有改变，但当额外的功能被引入时，也要考虑额外的安全需求。

2）安全目标间的互动性

例如，为了达到保密性，可能需要引入加密功能。对于系统来说，这是一个新的功能，考虑到所有的安全目标，该功能必须被评估。安全目标之一就是可用性，分析得出，如果丢失了密钥，则可用性就会受到威胁。保密性需求可能会影响可用性，因为必须采取进一步的措施来确保可用性，要么保证密钥始终可用，要么考虑重新设计。

3.2　否定性和非功能性安全需求

进行软件设计时，除要考虑正常的安全需求外，还需考虑否定性和非功能性安全需求。否定性安全需求是指对功能的安全限制，非功能性安全需求是指对软件属性的要求或用于管理软件开发的准则或标准。

为实现软件的可靠性，应确保软件不会进入不安全的状态或以不安全的方式运行，这产生了软件的否定性安全需求。例如，试图验证软件不会执行某些行为，本质上是一个否定性安全需求，证明软件实现该安全需求是非常困难的。因此，安全需求的设计过程既应识别"可操作的、可测试的"要求，也应识别"不可操作的、不可测试的"要求，即否定性安全需求和非功能性安全需求，并将那些"不可操作的、不可测试的"功能需求转化为"肯定的、可测试的"安全需求。

以下是将否定性安全需求转变为肯定的、可测试的安全需求的两个阶段。

（1）将每个否定性和非功能性安全需求映射为一个或多个肯定性的功能需求，以满足否定性或非功能性安全需求。

（2）尽可能将所有否定性和非功能性安全需求转化为肯定性需求，如应该发生什么（不是什么），并且提供二元满足标准，即功能发生或不发生，且明确测试准则，以确定"功能发生"的定义。

例如，对于否定性安全需求"软件不能接受过长的输入数据"，其对应的肯定性功能需求可以写为"软件必须验证所有输入以确保其不超过为该类型输入指定的大小"。

非功能性安全需求主要包括：

● 软件必须展示的特性（例如，其行为必须是正确的和可预测的；在面对攻击时它必须保持可生存性）；
● 要求的保障水平或每个安全功能和限制的风险避免水平；
● 软件构建、部署和运行过程的控制和规则（例如，它必须设计为在虚拟机内运行，其源代码不得包含某些函数调用）。

在许多情况下，非功能性安全需求不能转化为软件设计的元素，而是转化为开发过程的指导原则或测试标准。

除否定性和非功能性安全需求外，需求分析还应考虑软件功能的约束。软件功能的约束旨在使非安全行为最小化。约束可以通过控制软件如何交互、如何响应来实现。

当软件无法执行某些约束时，会造成约束违反（Constraint Violation）。出现约束违反通常是由软件组件之间的交互、软件与其环境之间的交互和软件的失败造成的。当与软件交互的外部实体是恶意攻击者时，约束违反发生的可能性更高。

开发者应确保上述交互不会导致约束违反。作为需求定义过程的一部分，开发者应确定所有的约束条件，以确保软件始终安全运行。

3.3　安全需求的来源

软件安全需求可能来源于与利益相关者的直接沟通，如访谈，但也可能来源于利益相关者提供的信息，包含组织安全策略、标准等。开发者需要对其进行仔细分析，以了解这些需求对软件的影响。例如，对认证、授权和审计的需求可能需要同时针对人类用户和软件实体，如 Web 服务和移动代理等。

根据对软件需求的分析，软件安全需求可以从内部需求和外部需求两个方面来考虑。

1.　内部安全需求

内部安全需求是指组织内部需要遵守的政策、标准、指南和实践，以及与软件业务功能相关的安全需求。内部安全需求分析过程要求安全分析人员必须能够帮助软件开发团队将安全需求转化为功能规范。

2.　外部安全需求

外部安全需求大致可分为法律法规需求和区域性需求，包括各个国家和地区的技术与管理规范，以及对法律法规标准的符合性要求。

不论对内部安全需求还是外部安全需求，都应当给予同等的重视。

从需求来源来看，软件安全需求包括：

1）利益相关方的安全关注

可参见上述相关内容。

2）功能规范的安全内涵

功能规范通常旨在回答"软件需要做什么以完成某个功能"，而实际上，真正需要回答的是"软件需要做什么以安全地完成某个功能"。该问题的答案就是安全要求，其与安全功能要求有本质的不同，安全功能要求旨在实现安全相关的功能。简而言之，软件功能应确保不包含脆弱点。

在某些情况下，软件功能需求与安全功能需求存在冲突。当这种冲突出现时，软件分析员必须进行权衡，以确保在危险功能运行的同时不会给系统带来过多的风险。此时需要进行风险评估。

然而，大多数软件分析员并不是软件安全专家，所以他们在权衡的过程中往往倾向于保持软件的功能而牺牲软件的安全性。因此，将软件安全专家纳入开发团队非常重要。

3）安全功能要求

安全功能要求是指执行安全相关功能的要求，如身份鉴别、访问控制等。安全功能要求与其他功能要求可以以相同的方式进行安全处理。但是，软件分析员应清楚地了解，当用安全功能不能实现可靠性、可信性和健壮性要求时，将会给系统带来的风险。对于安全功能，其可接受的最大风险应显著低于普通功能。

4）合规性和一致性要求

软件开发和实现应遵守网络安全法、隐私保护等安全相关法律，软件产品应符合国家标准或行业标准要求。

5）安全的开发和部署标准、指南和实践

开发者应遵循特定的编码、安全性或部署标准。例如，为了"锁定"软件运行环境而制定的一套强制性指导方针，要求软件运行环境的资源或服务不会被不安全地配置。开发机构也应遵循某些可能影响软件安全的"最佳实践"，例如，Web 应用程序不使用持久或未加密的 cookie 作为令牌。

6）威胁模型和环境风险分析

软件分析员应根据软件可能遭受的攻击及运行环境的风险，构建一个清晰的软件运行环境图，应列明软件需要防范的威胁及软件运行环境应提供的安全

服务。

7）COTS 和 OSS 组件中的漏洞

如果必须使用该 COTS 或 OSS，应对 COTS 或 OSS 进行保护，减少其漏洞的暴露。

项目负责人在安全需求分析过程中应发挥重要作用，他们应积极参与安全需求的采集和分析。项目负责人是业务风险的最终责任人，负责确定可接受的风险阈值，明确哪些残余风险可以接受。他们应了解软件的安全漏洞，协助安全需求分析员和软件开发团队对风险和安全需求进行分析的优先级顺序。此外，运维小组和信息安全小组等也是关键的利益相关者，在软件安全部署或发布过程中起到重要作用，因而也有义务向安全需求分析员阐明安全需求。

软件安全需求需要明确组织的安全目标，正确定义和记录安全需求，使得一旦软件发布或部署应用时，可以较容易地对安全目标的实现程度进行度量。

3.4　安全需求的验证

为验证安全需求的正确性、完整性和一致性，应对安全需求进行分析，包括：

1）内部分析

确定软件的非功能性属性、安全约束是否完整和正确，并与功能规范中的其他功能性和非功能性要求一致（前者包括安全性、性能、可用性等）。

2）外部分析

- 确定软件安全需求是否解决了利益相关方的关切及法律、法规、政策等规定；
- 确定约束和非功能性安全需求是否能够有效改进软件的安全目标，是否有安全相关需求与这些目标冲突。

即使内部分析证实了需求是一致的，还需要进行以下两个阶段的验证。

● 安全需求是不是对安全目标进行有效改进；
● 软件的安全规范是不是一个系统安全需求的有效改进。

以下是多阶段需求验证的示例。

● 在功能规范中标记每个功能要求。
● 搜索功能规范以查找与每个功能要求直接相关的一个或多个约束性（或否定性）。例如，如果要求"此功能必须接受用户的身份证号"，则应遵循如下限制要求："该功能必须拒绝所有超过 18 位数字的输入。"
● 对于每个约束要求，在功能规范中至少搜索一条满足约束要求的与其对应的肯定性要求。在我们的例子中，这可能是"该函数必须执行所有输入的边界检查以确保其长度不超过 9 位数。"

如果某一功能没有约束要求，那么就要对此进行分析，或者在规范中增加适当的约束要求。同样，如果对每个约束要求没有对应的肯定性功能要求，则需要对此进行分析，以证明其合理性。

对于具有高安全性和高可信性需求的软件，则需要对其安全需求（包括检查和同行评审）进行更全面的分析，以评估是否捕获了必要的非功能性和约束要求。

3.5　安全建模方法

3.5.1　软件安全建模

从抽象层面上看，所有软件都包含 5 个关键组件，软件的组成如图 3-2 所示。

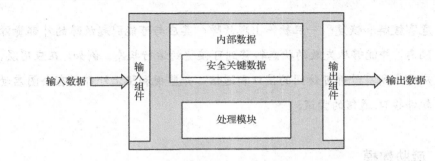

图 3-2　软件的组成

（1）**输入组件**：将数据读入，供内部组件进行处理。如果输入的是加密保护的数据，则输入组件的功能还包括数据解密、完整性验证等。

（2）**输出组件**：将数据写入输出介质（如 RAM、光盘、socket 等）。如果输出数据受密码保护，则输出组件的功能还应包括数据加密、完整性保护等。

（3）**内部数据**：由软件初始化数据、读入的数据或计算的数据组成。

（4）**安全关键数据**：对攻击者来说具有较高价值的内部数据子集，如密钥、安全配置数据等。

（5）**处理模块**：处理内部数据的内部程序逻辑。

上述构建视图阐明了软件需要保护的 5 个组件。这些保护需求可以分解为以下一系列通用的安全要求。

- **输入保护**：防止未经授权的访问和操作，包括未经授权的泄露、篡改、破坏和删除。
- **输出保护**：防止未经授权的访问和操作，包括未经授权的拦截、重路由、泄露、篡改、破坏和删除。
- **数据隐藏**：防止内部数据泄露。
- **内部计算/算法隐藏**：保护内部程序逻辑免受未经授权的泄露。
- **防篡改**：保护软件代码免遭未经授权的执行、篡改、破坏和删除。

● **危害缓解和恢复**：一旦软件出现故障，其应与可能引起故障的外部资源隔离，并能够从失败的状态转移到可接受的运行状态。例如，在应用层，应终止所有外部可访问的接口和通信，并监视和阻止外部所有企图启动软件接口/通信的尝试。

3.5.2　威胁建模

威胁建模是通过识别目标和漏洞来优化软件安全，然后定义防范或减轻软件威胁的对策的过程。威胁建模是了解软件面临的安全威胁，确定威胁的风险等级，并通过适当的缓解措施来提高软件安全性的过程。威胁建模以一种规范化的方式来考虑应用程序的安全性，帮助软件开发人员在设计阶段充分了解各种安全威胁，对可能的风险进行管理，并指导其选择适当的应对措施，降低软件的受攻击面。该方法还可以重新验证软件架构和设计的安全性，查缺补漏，发现其他方式难以检测的、由一系列小错误形成的复杂缺陷，使软件更加健壮。

在威胁建模过程中起主导作用的是软件设计者、开发人员和测试人员。威胁建模的对象并不一定是一个完整的软件。根据需求的不同，建模对象可以是整个软件系统、安全和隐私相关的功能、跨信任边界的功能等。

威胁建模的过程如图 3-3 所示，分为软件建模、威胁识别、威胁缓解和威胁验证 4 个步骤。每个步骤都有多种实现方法，可以根据需求选择使用合适的方法。

图 3-3　威胁建模的过程

1. 软件建模

建模是对软件进行抽象，数据流图、统一 UML 图表、泳道图和状态图等都可用于软件建模。下面将重点介绍数据流图建模过程。数据流图建模过程主要包括定义应用场景、收集外部依赖、定义安全假设、创建外部安全备注和绘制数据流图。其中绘制数据流图是建模过程的重点，其余步骤都是为绘制正确的数据流图做准备的。

定义应用场景是为了明确应用或系统的关键威胁场景，包括部署方式、配置信息、用户使用方式。收集外部依赖是指收集应用或系统所依赖的外部产品、功能或服务信息。典型外部依赖包括操作系统、数据库、Web 服务器、应用服务器。安全假设即采用来自其他功能组件所提供的安全服务假设，定义安全假设是为了对应用所依赖的系统环境做出准确的安全假设。创建外部安全备注是为了让与产品相关的用户或其他应用的设计者都可以利用外部安全备注，辅助理解应用的安全边界，以及在使用应用时应如何保障安全不受侵害。

完成上述工作后，就可以绘制准确的数据流图了。数据流图是描述系统的一种方法，是威胁建模的重要产物，它使用易于理解的一种图形表示工具分析系统或应用可能面临的攻击。进行威胁建模时，一般为每个场景均创建一个数据流图，当产品功能发生变化时，要及时更新数据流图。数据流图的元素及其含义如表 3-1 所示。

表 3-1 数据流图的元素及其含义

元　素	图　形	描　述
过程或流程	○	对数据进行处理的单元。数据的处理逻辑，在代码层面指任何运行的代码
多个过程	◎	两个及以上过程
外部关联	▭	与软件相连的用户或设备

续表

元　素	图　形	描　述
数据存储		任何静态数据
数据流		一个元素到另一个元素的数据传输
可信边界		不可信数据不能进入的区域

　　软件建模首先确定要分析的应用程序边界或作用范围，确定可信任部分与不可信任部分的界限。在数据流图中创建和命名实体应遵循以下规则：一个过程必须至少有一个数据流流入和一个数据流流出；所有的数据流都从某个过程开始，到某个过程结束；数据存储通过数据流与过程相连；数据存储不能直接连接，必须通过过程相连。

　　图 3-4 所示是一个简单的数据流图（DFD）。它表示数据流"付款单"从外部项"客户"（源点）流出，经加工"账务处理"转换成数据流"明细账"，再经加工"打印账簿"转换成数据流"账簿"，最后流向外部项"会计"（终点），加工"打印账簿"在进行转换时，从数据存储"总账"中读取数据。

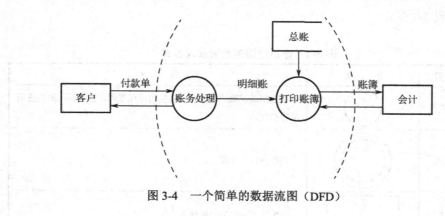

图 3-4　一个简单的数据流图（DFD）

2. 威胁识别

软件建模完成后，进入威胁识别过程。威胁识别过程主要全面地了解软件架构，帮助发现相关的威胁。威胁识别过程包括以下一些活动。

（1）确定信任边界：信任边界是反映信任水平或特权变化的点和面的集合。信任边界的识别是至关重要的，它可以帮助判断一个行动或行为是否被允许。每一个信任边界都应该进行安全保护设计。

（2）识别入口点：入口点是指那些接收用户输入，并开始执行软件功能的地方。每个入口点都是一个潜在的威胁源，因此必须明确地被标识和保护。一个软件入口点可能包含任何接收用户输入的页面，如搜索页面、登录页面、注册页面、付款页面、账户维护页面等。

（3）识别出口点：与识别入口点同样重要的是确定软件的出口点。出口点显示系统信息，也包括从系统输出数据的过程，出口点也可以泄露信息及其来源，因此同样需要保护。软件的出口点包括在浏览器客户端任何显示数据的页面，如搜索结果页面、产品页面、查看购物车页面等。

（4）识别数据流：数据流图（DFD）和序列流图可以帮助用户理解当数据从不同的信任边界传入时，软件是如何接收、加工和处理数据的。这是使用一组标准的符号，将数据流、后端数据存储单元、数据来源和目的地之间的关系进行图形化表示的过程。

（5）识别优先权：所有管理员功能和关键业务处理功能都要被识别，更重要的是要识别任何允许权限提升或者执行特权操作的功能。

（6）引入错误角色：威胁的识别开始于在系统中引入错误动作的人或代理，包括人类和非人类错误动作者。其中人类错误动作者如外部黑客、黑客组织等，而非人类错误动作者包括内部运行的进程（它们可能进行未经授权的更改操作）

及恶意软件等。

（7）识别潜在的应用威胁：这一活动的目的是识别可能对资产造成损害的相关威胁。在这一过程中，架构设计、开发、测试和运营团队要与安全团队一起工作，识别潜在的威胁，这是非常重要的。

1）威胁识别方法

威胁识别方法包括头脑风暴、攻击树、STRIDE 方法等。

如果能够像攻击者一样思考，那么就可以很好地识别软件存在的漏洞及所面临的威胁，或者使用已有的威胁分类列表来识别已知威胁，这也是非常有效的。

（1）头脑风暴。可以从头脑风暴开始，在一块白板上列出可能的攻击向量和场景。头脑风暴是一种快速而简单的方法，但不是非常科学，可能识别了无关威胁而不是真正相关的威胁。

（2）攻击树。攻击树是一个分层的倒挂的树状结构，包含攻击的目标（如获得管理员特权、确定应用程序组成和配置、绕过身份验证机制等）或攻击类型（如缓冲区溢出、跨站脚本攻击等）。图 3-5 表示一棵攻击树，根节点描述了攻击目标，叶节点描述了为实现攻击目标可能采用的基本方法。

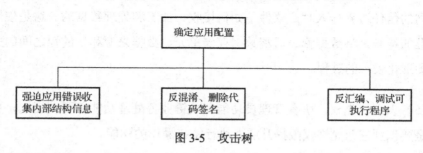

图 3-5　攻击树

此外，根节点自身也可以表示攻击向量。当根节点包含攻击向量时，从根节点派生出来的叶节点是漏洞被利用或者脆弱点存在的条件，下一级节点通常是风险缓解条件或保障控制措施。

此外，还可以将 OWASP Top10 所列最危险的漏洞作为依据，来识别与软件相关的攻击的根向量。攻击树以结构化、层次化的方式收集和识别潜在的攻击方法，它允许威胁建模团队更详细、更深入地分析威胁。树状结构为各种攻击提供了一个描述性的威胁分解工具。创建攻击树的优点是可以建立一个可重用的安全问题表达模式，并可以将其用于多个项目。开发人员深入剖析软件攻击的类型，实施适当的保护控制，然后测试团队可以根据攻击树编写测试计划，以保证各种安全控制措施到位。

（3）STRIDE 方法。除像攻击者一样思考外，分类威胁列表也可以用于识别威胁。NSA 的 IAM 方法、OCTAVE 的风险建模及微软的 STRIDE 方法都属于分类威胁列表，可以用于识别威胁。OWASP Top10 和 CWE Top25 最危险的编程错误也是典型的分类威胁列表。

在上述方法中，STRIDE 威胁识别是一种基于目标的方法，在这里考虑的是攻击者的目标。STRIDE 是 Spoofing（假冒）、Tampering（篡改）、Repudiation（抵赖）、Information Disclosure（信息泄露）、Denial of Service（拒绝服务）和 Elevation of Privilege（权限提升）的首字母缩略词，也就是把威胁分为上述 6 类，帮助建模者发现威胁，如攻击者能否假冒身份访问服务器或 Web 应用程序，某人能否篡改网络上或存储区中的数据，某人是否可以拒绝服务等。

STRIDE 模型如表 3-2 所示。

表 3-2 STRIDE 模型

	威 胁 目 标	威 胁 描 述
S	Spoofing（假冒）	攻击者能够伪装成另一个用户或者身份
T	Tampering（篡改）	在传输、存储或归档过程中能够修改数据
R	Repudiation（抵赖）	攻击者（用户或过程）能够否认攻击
I	Information Disclosure（信息泄露）	信息能够泄露给未授权的用户
D	Denial of Service（拒绝服务）	对于合法的用户拒绝提供服务
E	Elevation of Privilege（权限提升）	攻击者能够跨越最小特权限制而以更高级别的权限或者管理员权限运行软件

这些威胁类型之间并不是完全孤立存在的，当软件面对某一类威胁时，很可能与另一类威胁相关联。例如，权限的提升可能是由于信息泄露而产生假冒的结果，或只是由于缺乏抗抵赖控制而导致的。在这种情况下，对威胁进行分类时可以根据个人的经验判断，或者根据威胁被物化的可能性选择相关性最大的威胁类别，或者将所有适用的威胁类别归档。

假冒是指攻击者冒充一个用户，或者恶意服务器冒充合法服务器。如果用户 A 可以在 HTTP 认证头里看到用户 B 的用户名和口令，A 就可以使用 B 的用户名和口令访问受保护的数据。数据篡改是指在未授权的情况下，永久地修改数据。抵赖是指用户拒绝承认从事过的某项活动，并且无法证明他是在抵赖。信息泄露是指信息被暴露给不允许对它访问的人。如用户读到了非授权访问的文件，入侵者可以获取两台计算机之间传输的数据。拒绝服务是指拒绝为合法用户提供请求的服务。权限提升是指没有权限的用户获得访问特权，可以对系统实施破坏性操作。

在软件建模中，定义了软件的体系结构、数据流和信任边界，在复杂的软件系统中，还可以创建一个安全配置文件，来说明软件如何处理核心区域，如身份验证、授权、配置管理及其他区域。现在，我们主要考虑数据流图中的实体、过程和数据存储之间的关系，然后使用 STRIDE 威胁种类与预定义的威胁列表来仔细检查应用程序的安全配置文件，集中考虑应用程序威胁、技术特有的威胁和代码威胁。

STRIDE 是非常有用的助记符，它有一些扩展，可以弥补 STRIDE 的一些不足。

STRIDE-per-Element 使得 STRIDE 更加规范，通过关注每个元素的一系列威胁，可以更容易地找到威胁。例如，微软用表 3-3 作为其安全开发生命周期（SDL）威胁建模的核心部分。

表 3-3　威胁建模

元　　素	S	T	R	I	D	E
外部交互实体	*		*			
进程	*	*	*	*	*	*
数据流		*		*	*	
数据存储		*	*	*	*	

注：*表示存在相应的威胁。

　　利用这个表格，可以分析攻击者是如何篡改、读取数据或阻止访问数据流的。如果数据在网上传输，则在同一个网络中的人可以读取、修改所有数据内容，或者发送大量数据包导致超时。

　　STRIDE-per-Interaction 是识别威胁较为简化的方法，初学者很容易理解。威胁不会凭空出现，它们是在与系统交互的过程中出现的。STRIDE-per-Interaction 方法考虑数据元组（源、目的、交互）枚举威胁，以及枚举与其对抗的威胁。STRIDE-per-Interaction 和 STRIDE-per-Element 方法会引出一样多的威胁，但是利用这种方法可以更好地理解威胁。表 3-4 展示了使用 STRIDE-per-Interaction 方法显示威胁的适用性。

表 3-4　威胁适用性

序号	元　素	变　　更	S	T	R	I	D	E
1	进程	进程有外来数据流传输至数据存储	*		*			
2		进程向另一个进程输出数据	*		*	*	*	*
3		进程向外部交互实体（代码）发送输出	*		*			
4		进程向外部交互实体（人类）发送输出			*			
5		进程有来自数据存储的输入数据流	*	*			*	*
6		进程有来自另一个进程的输入数据流	*				*	*
7		进程有来自外部交互实体的输入数据流	*				*	*
8	数据流（命令/响应）	跨越机器边界		*			*	*
9	数据存储（数据库）	进程有输出数据流传输至数据存储			*	*	*	*
10		进程有来自数据存储的数据输入流				*	*	*
11	外部交互实体（浏览器）	外部交互实体将输入传到进程	*		*	*		
12		外部交互实体从进程得到输入	*					

注：*表示存在相应的威胁。

2）建立威胁树

使用 STRIDE 对威胁进行分类后，可以使用威胁树分析程序中的威胁和漏洞。硬件领域常用"故障树"识别可能存在的故障模式，同样的方法也适用于描述软件安全问题。威胁树起源于故障树，采用树形结构描述系统面临的威胁。用根节点表示系统所面临威胁的抽象描述，逐层细化威胁的细节信息，直到用叶节点表示具体的攻击方式。威胁树描述了攻击者破坏各组件所经历的决策过程。

3）风险分析

根据风险管理理论，威胁只是风险存在的一个必要条件，并且威胁本身是不确定的、不可度量的，而风险才是刻画系统面临威胁可能产生损失的可度量的指标，它包含 3 个基本要素：威胁、安全事件发生的可能性及潜在的损失。

仅仅对威胁进行列表或建模，只能帮助设计团队判断威胁，无法知道如何对这些威胁进行处理。已识别的风险需要实施控制来缓解，建议使用标准控件而不是用户自己开发的组件。当风险不可能被缓解时，如果风险水平低于业务可接受的风险水平，则风险可以被接受，否则就要重构软件以消除威胁，但这种做法通常要付出很大的代价。

除非采用适当的控制来减小风险，否则威胁和脆弱点的识别本身是毫无价值的。对每一种威胁来讲需要特定的控制，一个威胁可能由单一控制就能完全缓解，也可能需要组合控制措施。在需要多个控制的情况下，应该采用深度防御策略并确保控制是相互补充而不是相互矛盾的；另外，要认识到控制不能完全消除威胁，只会降低与威胁相关的风险。

从经济学的角度来说，要解决所有的风险是不太可能的，因此重要的是要集中精力解决那些对业务操作影响最大的风险。风险排序源于威胁建模，是一种为需要实施的安全控制建立优先次序的安全风险评估活动（Security Risk Assessment，SRA）。它包含了定性和定量分析两种方法，其中定性风险排序通常将威胁的严重性划分为"高、中、低" 3 个级别，而将定性排序的"高、中、低"转化为"1、2 和 3"，就可以为每一种风险计算出一个分值，这种方法称为定量风险排序，严格地说是半定量的风险排序方法。完全定量的风险排序方法比较复杂，包含风险发生概率的统计学计算和信息资产的量化评估，这些参数的计算不在本书的讨论范围，有兴趣的读者可以参考定量风险分析的相关书籍。

风险排序并不只局限于安全问题，也可以用于隐私风险排序，排序结果可以帮助确定安全控制的优先实现顺序。常见的 3 种风险排序方法有 Delphi 排序、平均排序和概率*影响因子（*P*I*）排序。

（1）Delphi 排序。风险排序的 Delphi 法由威胁建模团队的每一个成员给出其对于特定威胁的风险水平的最佳估计值。

在 Delphi 风险排序中，个人对于特定威胁的风险排序意见不会被质疑。这些人可能包括高水平的专家和不熟练的普通工作人员，参加者只向风险分析负责人提交他们自己的意见，这可以避免大人物主导排序过程。风险分析负责人必须提前提供已识别的威胁列表及预定义的排序标准（1—关键，2—严重，3—最小），以确保所有成员使用相同的标准进行排序。这些标准往往基于潜在威胁的物化影响，排序过程被重复执行直到产生对威胁有共识的排序方式。

虽然 Delphi 排序可能是一个确定潜在威胁与风险的快速排序方法，但它不能提供一个完整的风险图谱，只有在与其他风险排序方法相结合的情况下才能谨慎使用。此外，模糊或未定义的风险排序标准，以及参与者不同的观点和背景可能会导致不同的结果，排序过程本身的效率可能很低下。

（2）平均排序。这种风险排序方法是计算风险类别的平均值，所采用的风险排序分类框架为 DREAD 方法。

DREAD 是 Damage Potential（潜在破坏性）、Reproducibility（再现性）、Exploitability（可利用性）、Affected Users（受影响的用户）和 Discoverability（可发现性）的首字母缩写，分别从 5 个方面描述威胁的危害程度，每个方面危害程度的评分范围是 1~10，10 表示威胁造成的危害程度最大。

- 潜在破坏性（D）：表示当威胁被物化或漏洞被利用时造成的损失。

1=没有损失；

2=个人用户数据被破坏或影响；

3=完整的软件或数据的破坏。

- 再现性（R）：表示威胁重现的容易程度及威胁成功利用脆弱性的频率。

1=即使对于应用程序管理员来说也是非常困难的或不可能的；

2=需要一个或两个步骤，可能需要一个用户授权；

3=只是 Web 浏览器的地址栏就足够了，没有身份认证。

- 可利用性（E）：表示为实现这种威胁，所要做出的努力和先决条件。

1=需要高级编程和网络知识，以及用户自定义或高级攻击工具；

2=可利用互联网上存在的恶意软件，或使用可用工具很容易地执行漏洞利用；

3=只需要一个 Web 浏览器。

- 受影响的用户（A）：描述了如果威胁被物化，可能受到影响的用户或软件安装系统的数量。

1=没有；

2=一些用户或系统，但不是全部；

3=所有用户。

● **可发现性（DI）：表示外部人员和攻击者发现威胁的容易程度。**

1=非常困难或不可能；

2=通过猜测或监控网络痕迹可以发现；

3=在 Web 浏览器地址栏中或以某种格式存在的可见信息发现。

潜在破坏性即衡量威胁可能造成的实际破坏程度，例如，10 可以表示攻击者可能绕开所有的安全限制，实际上能做任何事情；7~8 表示攻击者能读取机密数据；6 表示攻击者能使服务器暂时不可用。

再现性用来衡量将威胁变为攻击的难易程度，高再现性对多数攻击来说都是很重要的。例如，默认安装特性中存在的安全缺陷具有很高的再现性，总是起作用，可以评定为 10；而其他较为复杂的漏洞，可能只会偶尔起作用，存在不可预测性，可以评定为 1~9。

可利用性指的是进行一次攻击需要的努力和专业知识。如果一个普通用户使用一台家庭计算机就能实施攻击，则可利用性可以评定为 10；如果需要动用大量人力物力才能进行一次攻击，那么可利用性可以评定为 1。

受影响的用户是指如果威胁被利用并成功攻击，有多少用户会受到影响，10 指所有用户都会受到影响，1~9 表示受影响用户的百分比大小。

可发现性指漏洞被发现的概率，根据漏洞发现情况评定为 1~10。

依据公式"风险=受攻击概率*危害程度"，可以计算出 5 个风险值，然后对 5 个风险值求平均数，平均数越大，则威胁对系统造成的风险就越大。

一旦给每个风险类别分配了一个值，就可以通过计算这些值的平均值给出风险排序，计算公式如下。

$$平均值=（D+R+E+A+DI）/5$$

风险的平均排序结果和高、中、低分类可以便于按优先顺序进行控制，如表 3-5 所示。

表 3-5   平均排序法

威　胁	D	R	E	A	DI	平　均　值
SQL	3	3	2	3	2	2.4（高）
XSS	3	3	3	3	3	3.0（高）
Cookie 重放	3	2	2	1	2	2.0（中）
会话劫持	2	2	2	1	3	2.0（中）
CSRF	3	1	1	1	1	1.4（中）
审计日志删除	1	0	0	1	3	1.0（低）

（3）概率*影响因子（$P*I$）排序。传统的物理安全风险计算方法是由风险发生的概率（可能性）和威胁对业务产生的可能影响而得出的，这一方法也可以用于计算信息安全风险排序。

相比 Delphi 排序和平均排序，这种方法更科学。对于概率*影响因子（$P*I$）排序方法，我们再次考虑使用 DREAD 框架，计算过程如下。

$$风险=事件发生的概率*商业影响$$

即

$$风险=（R+E+DI）*（D+A）$$

对于上面的例子，采用概率*影响因子排序的风险计算结果如表 3-6 所示。

表 3-6   概率*影响因子排序

威　胁	发生的概率（P）			影响（I）		P	I	风　险　值
	R	E	DI	D	A	R+E+DI	D+A	$P*I$
SQL	3	2	2	3	3	7	6	42
XSS	3	3	3	3	3	9	6	54
Cookie 重放	2	2	2	3	1	6	4	24

续表

威　　胁	发生的概率（P）			影响（I）		P	I	风　险　值
	R	E	DI	D	A	R+E+DI	D+A	P*I
会话劫持	2	2	3	2	1	7	3	21
CSRF	1	1	1	3	1	3	4	12
审计日志删除	1	1	1	1	1	3	2	6
高：41～60；中：21～40；低：0～20								

　　从这个例子可以看到，跨站脚本攻击（XSS）和 SQL 注入威胁风险很高，风险值分别为 54 和 42，需要立即控制；而 Cookie 重放和会话劫持属于中等风险的威胁（风险值为 24 和 21），应该有计划地来缓解这些威胁的风险；CSRF和审计日志删除属于低风险等级的威胁，是可以接受的。

3. 威胁缓解

　　识别威胁后，就可以对已经暴露的威胁进行缓解了。不同风险等级的威胁可以采取不同处理策略：低风险安全威胁，可以保持现状；潜在的用户危险操作，要及时提醒；可以缓解的威胁，要采取加密、认证等技术缓解措施；风险过高并且难以实施缓解措施的威胁，可以考虑删除/关闭相应功能。

1）确立缓解顺序

　　威胁的缓解顺序在整体设计上要有条理性和层次性。例如，对闯入用户家中进行威胁建模，考虑窗户是受攻击面，那么威胁包括打破窗户进入和打开窗户进入。打破窗户进入可以通过使用强化玻璃来阻止，这是一阶缓解措施；打破玻璃威胁也可以通过警报来解决，这就是二阶防御措施。而如果电源被切断，则警报会失效。为了解决这个三阶威胁，系统设计人员还可以添加更多的防御措施，如警报包含剪断电源警报，防御者可以添加电池、手机或其他无线设备等。

　　虽然对具体威胁所采用的缓解措施截然不同，但是一定要有全面的缓解措施，因为一旦底层的措施出现纰漏，无论高层措施多么完善，攻击者依然可以以很低的成本进行攻击。

2）常用缓解方法

不同安全威胁需要采用不同的威胁缓解方法，如表 3-7 所示。这里介绍几种常用的缓解方法，包括认证、授权、防篡改和增强保密性的技术。在建模、识别及缓解威胁的过程中，必须记录每一个操作的详细信息，以便于理解和管理。

表 3-7　威胁缓解方法

威　胁	属　性	缓　解　方　法
欺骗	认证	基本认证、Cookie 认证、Windows 认证、Kerberos 认证、PKI、IPSec、数字签名、信息验证码、哈希算法
篡改	完整性	Windows 系统命令、完整性控制、ACLs、数字签名、信息验证码
抵赖	不可否认性	安全日志、数字签名、可信第三方
信息泄露	保密性	加密技术、ACLs
拒绝服务	可用性	ACLs、过滤处理、授权、高可用性设计
特权提升	授权	ACLs、角色、服务专用权限、许可权、输入验证

（1）认证。认证方式较多，如 Kerberos v5 认证、X.509 证书认证等。操作系统中一般内置了一些认证方式，如 Windows 认证、NTLM（NT LAN Manager，NT 网络管理器）认证等。

（2）授权。一旦通过认证确定了主体的身份，主体通常会访问系统资源，如打印机和文件等。授权通过执行访问检查，判断主体是否有权访问其请求的资源。例如，Windows 操作系统提供的授权机制有 ACL（Access Control List，访问控制列表）、特权管理、IP 限制、服务专用权限等。

- ACL：一个 ACL 由一系列访问控制项（Access Control Entry，ACE）组成，每一个 ACE 决定一个主体能够对某个资源完成什么操作。
- 特权管理：特权是赋予用户的权利，用户可以执行允许范围内的操作，某些特许操作只授权给信任的个人，如调试应用程序、备份文件、远程关闭计算机等。
- IP 限制：IP 限制是 IIS 的一个功能，作用是限制用户对 Web 网站的访问范围，例如，可以指定某个 IP 地址、子网或 DNS 访问 Web 网站的一个虚拟目录或一个目录。

- 服务专用权限：许多服务使用其特有的访问控制形式来保护自己的专有对象类型，例如，Microsoft SQL Server 提供了权限，管理员可以决定谁有权访问哪一个表、存储过程和视图。

（3）防篡改和增强保密性。许多网络协议和操作系统具有抗篡改的数据保密功能，如 SSL/TLS、IPSec，以及 Windows 中的 EFS、DCOM 和 RPC 等。

- SSL/TLS：SSL（传输层安全协议）是由 Netscape 在 20 世纪 90 年代中期发明的，该协议能为服务器和客户机之间传输的数据提供加密和数据完整性服务。TLS 则是 IETF（Internet Engineering Task Force，Internet 工程任务组）认可的 SSL 版本。
- IPSec：IPSec（Internet 协议安全性）在 TCP/IP 网络的 IP 层实现数据的认证、加密，以及完整性保护。
- EFS：EFS（Encrypting File System，加密文件系统）包含在 Windows 2000 及以后版本的操作系统中，提供基于文件的数据加密及防篡改检查。

4. 威胁验证

威胁验证是为了确保威胁模型准确反映软件的潜在安全问题。威胁验证的内容包括威胁模型、列举的威胁、缓解措施和假设等。

威胁验证应说明列举出的威胁如何进行攻击，以及攻击的内容及影响。如果威胁验证出现问题，则说明威胁没有被正确识别，可能需要重新建模。此外，还要分析威胁列举是否全面，如与可信边界接触的元素都可能被污染，这些元素都应该考虑 STRIDE 威胁。如果建模时得到的威胁不够全面，则需要进一步补充。

验证缓解措施是指检验缓解措施能否有效降低威胁影响，是否正确实施，对每个威胁是否都有相应的缓解措施。一旦措施无效或者低效，必须重新选择缓解方法。如果没有正确实施，应该发出警告，确保缓解措施的有效性。对于危害较为严重的威胁都要有缓解措施，以降低危害程度。

验证假设是为了判断假设是否正确，只有假设合理，才能保证在假设条件下进行的操作是合理的。

5. 威胁文档

为威胁模型建立文档是非常重要的，因为威胁模型可以迭代使用，需要在项目整个生命周期对威胁模型中已识别的威胁实施适当的控制。威胁模型本身也需要被更新。

威胁和控制可以用图表记录或以文本的方式存档。图表文档提供了对威胁环境的描述，文本文件允许对每个威胁有更详细的介绍。建议最好是两种文档都有，对每一种威胁均采用图表化归档并使用文本描述威胁的更多细节。

威胁归档时，建议使用模板保持威胁文档的一致性。一些需要记录的威胁属性包括：威胁的类型、独有的标识符、威胁描述、威胁目标、攻击技术、安全影响、发生的可能性或威胁转化为现实的风险，以及可能实施的控制措施等。表 3-8 所示为描述了一个注入攻击的威胁文档。

表 3-8　威胁文档

威胁标识	T0001 号
威胁描述	SQL 命令注入
威胁目标	数据访问组件、后台数据库
攻击技术	攻击者在用户名后面附加 SQL 命令，构成 SQL 查询
安全影响	信息泄露、改变和破坏，绕过认证
风　险	高
可实施的安全措施	使用规则的表达方法验证用户名：不允许使用未经验证的用户输入构建动态查询语句，以及使用参数表示的查询

在对威胁和控制进行归档的基础上，需要进行残余风险分析和验证以确保：

● 模型的应用程序架构（可以用图表表示）准确并且是最新的；
● 需要对每个信任边界和数据元素进行威胁识别；
● 针对每一个威胁，已经明确考虑到降低、接受或避免风险的控制方法，以及这些控制方法与所要解决的威胁之间的映射关系；
● 在风险控制之后，残余风险应该被确定并被业务所有者正式接受。

在应用程序范围和属性发生变化时，需要对威胁模型进行重新分析和验证。

通过上面的风险分析方法，可以对软件的具体安全属性需求的重要性进行排序，为安全属性的实现赋予优先权顺序，以较低的成本开发出高质量的软件产品。

第4章 安全设计原则

　　软件安全设计就是将软件的安全需求转化为软件的功能结构的过程。软件设计过程通常包括架构设计和技术设计，这意味着安全设计不仅要考虑系统架构及相关的安全问题，同时还要考虑如何将安全需求嵌入软件的功能结构中，与功能结构相融合并且成为一个有机的整体，为高质量地实现软件的业务目标提供安全保障。

　　软件设计处于软件工程的核心地位，软件开发中不管使用何种开发模式，都离不开软件设计。软件设计的好坏直接影响着软件产品的质量和用户对最终软件产品的满意程度。设计阶段要构造出软件实现的"蓝图"，开发者依照设计来实现软件的功能和性能，所以好的设计是开发出高质量软件的基础。

　　对于大型软件系统的开发和维护，开发者需要从更高的抽象层次关注软件。为了提高软件设计的质量，学术界和软件工程界提出了多种软件分析和设计的过程、方法与工具，本章将会对这些方法进行介绍。另外，为了达到控制软件复杂性、提高软件系统质量、支持软件开发和复用的目的，本章还将介绍软件架构的概念。

4.1　安全设计思想和方法

4.1.1　安全设计思想

　　在软件设计中，人们常常争论到底是工程设计（Engineering Design）更重要一些，还是艺术设计（Art Design）更重要一些。这很难给出量化的比较，对于软件设计来说，工程设计和艺术设计都很重要。

从工程设计的角度看，要时刻以用户为中心，为其建造有用的软件产品；将设计知识科学化、系统化，并能够通过职业教育产生合格的软件设计师；能够进行设计决策与折中，解决设计过程中出现的不确定性、信息不充分、要求冲突等复杂情况。

在处理复杂问题时，分解、抽象和将结构层次化是基本的思路。软件设计也遵循这个思路。根据抽象程度的不同，软件设计可以分为高层设计、中层设计和底层设计，如图 4-1 所示。高层设计基于反映软件高层抽象的构件层次，描述系统的高层结构、关注点和设计决策；中层设计更加关注组成构件的模块的划分、导入/导出、过程之间的调用关系或者类之间的协作；底层设计则深入模块和类的内部，关注具体的数据结构、算法、类型、语句和控制结构等。通过设计分层，可以减少需要同时关注的细节，降低开发者同一时间需要处理的任务的复杂度，从而更好地完成设计工作。在设计过程中，按照抽象和分解的思路，一般先进行高层设计，接着进行中层设计，最后完成底层设计。软件体系结构设计阶段主要完成高层设计和部分中层设计；软件详细设计阶段主要完成中层设计和部分底层设计；其余部分的底层设计是在构造阶段完成的。

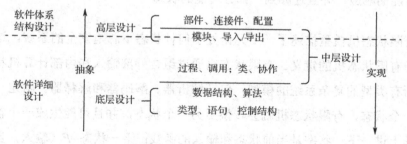

图 4-1 软件设计的分层

从产品生命周期的角度看，软件设计可以看作从软件需求说明书出发，根据需求分析阶段确定的功能，设计软件系统的整体结构，划分功能模块，确定每个模块的实现算法等，形成软件的具体设计方案，即从整体到局部、从概要设计到详细设计的过程。

软件设计的各个活动以需求分析阶段产生的需求说明书为基础，首先对整个设计过程进行计划，然后实施具体的设计活动，这些设计活动本身可能是一个不断迭代和精化的过程。因为设计者一般不可能一次就完成一个完整的设计，软件设计可能是一个多次反复的过程，在设计过程中需要不断添加设计要素和设计细节，并对先前的设计方案进行修正。所以，软件设计一般是一个逐步迭代的过程。

在设计活动完成后，应该形成设计规格说明。然后，对设计过程和设计规格说明进行评审，如果评审未通过，则再次修订设计计划并对设计进行改进；如果评审通过，则进入后续实现阶段。

4.1.2　安全设计方法

1. 有限状态机模型

有限状态机（Finite State Machine，FSM）系统是指，在不同阶段会呈现出不同的运行状态的系统，这些状态是有限的、不重叠的。这样的系统在某一时刻一定会处于上述状态中的一个状态，此时它接收一部分允许的输入，产生一部分可能的响应，并且迁移到一部分可能的状态。

有限状态机模型描述了一个无论处于何种状态下总是安全的系统，这种模型基于有限状态机的定义。有限状态机通过组合外部输入和内部计算机状态来建立所有类型的复杂系统的模型，包括解析器、解码器和解释器。给定一个输入和一个状态，有限状态机就会转换至另一个状态，并且可能生成一个输出。从数学上讲，下一状态是当前状态和输入的函数：下一状态=F（输入，当前状态）。同样，输出也是输入和当前状态的函数：输出=F（输入，当前状态）。

许多安全模型都基于安全状态的概念。根据有限状态机模型，状态是系统在特定时刻的即时快照。如果某个状态的所有方面都满足安全策略的要求，那么这个状态就被认为是安全的。接收输入或生成输出时都会发生转换操作，而转换操作总会产生新的状态（也称状态转换）。对所有的状态转换都必须进行评估。如果每个可能的状态转换都会导致另一个安全状态，那么系统就会被称为安全状态机。安全状态机模型系统总会进入一个安全状态（在所有的转换中维护安全状态），并且准许主体只以遵循安全策略的安全方式访问资源。安全状态机模型是其他许多安全模型的基础。

2. 形式化方法

所谓形式化方法，是指建立在严格数学基础上的软件开发方法。其中，逻辑、代数、自动机、图论等构成了形式化方法的数学基础。对形式化方法的研究虽已开展了几十年，但至今并无一个精确而统一的定义。可以说，凡是采用严格的数学工具、具有精确数学语义的方法，都可称为形式化方法。

软件形式化方法最早可追溯到 20 世纪 50 年代后期对于程序设计语言编译技术的研究。经过多年的研究和应用，如今人们在形式化方法这一领域取得了大量重要的成果，形式化方法也从早期最简单的一阶谓词演算方法发展到现在的应用于不同领域、不同阶段的基于逻辑、状态机、网络、进程代数、代数等众多的形式化方法。形式化方法的发展趋势是逐渐融入软件开发过程的各个阶段，从需求分析、功能描述规约、体系结构/算法设计、编程、测试直至维护。

形式化方法的一个重要研究内容是形式化规约（Formal Specification，也称形式化规范或形式化描述）。它是对程序"做什么"的数学描述，是用具有精确语义的形式语言书写的程序功能描述，它是设计和编制程序的出发点，也是验证程序是否正确的依据。建立形式化规约的方法主要可分为两类：一类是面向模型的方法，也称系统建模，该方法通过构造系统的计算模型来刻画系统的不同行为特征；另一类是面向性质的方法，也称性质描述，该方法通过定义系统必须满足的一些性质来描述一个系统。

基于形式化方法的软件开发的基本思想是：用形式化规约语言精确地描述软件规约说明，然后由支持形式化的工具完全自动化或半自动化地转换为可执行代码。在软件开发中，形式化方法能够起到的作用是多方面的，对于软件要求的描述同样适用于对软件设计的描述。

4.2 安全架构

总体来说，软件安全设计方法是一套在软件生产过程中关注软件安全性的卓有成效的开发步骤和流程；软件架构是一系列相关的抽象模式，用于指导大型软件系统各个方面的设计，对软件架构进行安全分析可以及早发现软件设计中的安全问题。

在软件架构层面，软件的执行环境可以通过各种安全服务和保护措施进行"配置"，从而降低恶意输入到达软件的可能性，最大限度地减少软件自身漏洞向外界的暴露，同时最大限度地减少可信和关键组件对外的可见性，以降低软件遭受威胁的风险。这样的安全服务/保护可能包括：

- 在已知的恶意输入到达软件之前，应用级防火墙和入侵防御系统已对其进行了过滤；
- 虚拟"沙箱"提供了一个隔离的环境，不可信组件在该环境下执行，以防止它们影响软件关键组件的执行；
- 代码签名验证程序（代码签名是应用于可执行代码的数字签名，以便在交付、安装或运行时进行验证，以确定代码是否来自可信来源，代码的完整性是否被破坏）。

对于商业软件，通常不能依赖执行环境提供可靠的安全服务/保护。因此，设计者需要在设计时考虑各种可能的执行状况和运行环境，以确保软件在各种情况下保持其可靠性、可信性和可生存性。

如果软件需要部署在多种平台上，则设计应该包括一个抽象接口层，以最大限度地增加软件的环境适应性。

软件架构设计对于开发高质量软件具有关键作用，架构设计需要定义软件模块、模块间交互、用户界面风格、对外接口及高层逻辑和流程。软件架构可以分为 3 类：逻辑架构、物理架构和系统架构。其中，逻辑架构描述组成软件的各组件之间的关系，比如用户界面、数据库、外部系统接口等；物理架构描述软件在硬件上的部署方式；系统架构说明系统的非功能性特征，如可扩展性、可靠性、强壮性、灵活性等。

架构视图是软件架构的重要组成部分。它是整体设计的抽象或简化，通过舍弃具体细节来突出重要特征。软件架构用许多不同的架构视图来表示，每种架构视图用于表示开发过程中用户、设计人员、管理人员、系统工程师、维护人员等关注的内容。

一般而言，软件架构的设计首先需要厘清业务逻辑的功能要求，了解业务逻辑的变化性要求，包括可维护性和可扩展性，分离出概要逻辑层、业务逻辑层、业务逻辑算法及内部和外部接口，并按照职责分离的原则设计包、类、方法、消息。然后，使用自底向上和自顶向下相结合的方式，不断渐进地迭代架构设计。

4.3　安全设计原则

为了更好地进行软件安全设计，软件开发人员通过对软件安全开发过程中的经验进行总结，逐渐形成了一系列软件安全设计原则。这些原则可以用于指导开发更加安全的软件。

4.3.1　通用原则 1：减少关键组件的数量

在软件中，实现关键功能的组件，如安全功能和核心功能组件称为关键组件。关键组件的可靠性和可信性至关重要。关键组件通常包括执行安全策略决策、保护敏感数据、避免严重故障、执行监测和配置等功能的组件，如果这些组件遭到破坏，将会对软件造成很大的危害。

1. 最小特权原则

最小特权原则是系统安全性设计最基本的原则之一。最小特权原则是指，应限定系统或网络中每个主体所必须拥有的最小特权，以确保系统故障、错误、网络部件篡改等造成的损失最小。它的主要目标是遏制由于偶发或者非故意的安全破坏而造成的损失。

当授予用户某些资源的访问权时，会存在用户滥用该访问权的风险，解决的方法是，不要冒险给予用户必要访问权限之外的特权。最小特权原则的实质是，任何实体（用户、管理员、进程、应用和系统等）仅拥有完成其规定任务所必需的权限。即仅将所需权限的最小集授权给需要访问资源的主体，并且该权限的持续时间也应该尽可能短。最小特权原则可以尽量避免将软件资源暴露在攻击之下，降低其遭受攻击的可能性。应用该原则能够限制由于意外、错误或系统未经授权使用而导致的损害。最小特权还减少了特权进程或程序之间潜在交互的次数，从而尽量避免发生无意、不需要或不正确的特权使用。

最小特权原则通过最大限度地减少授予高级权限的角色数量，以及特权角色的工作时间来支持通用原则 1。

最小特权的本质是"禁止未明确允许的权限"。最小特权原则需要根据执行该任务角色的实际需求来分配权限（读、写、删除、执行），同时根据任务的要求来确定分配给将执行该任务人员的权限级别。如果任务只能由软件实体执行，而不能由个人用户执行，则分配给软件实体的权限应与分配给个人用户的权限不同。

最小特权原则要求设计者考虑软件实体可能执行的每项任务所需的实际权限，而不是简单地为该实体分配一个通用（用户）权限集，从而使其能够执行所有任务，包括并不需要执行的任务。在软件设计中，软件实体不应请求或接受超过完成给定任务所需的最低权限。

角色也不应无限期地保留权限。在安全的软件设计中，每个实体将保留执行既定任务所需的权限直至任务完成，然后放弃该权限。如果后续需要再次执行相同的任务，那么将重新分配必要的权限。但是在实践中，这一方法存在效率问题，因此，对于大多数"不可信"的低特权任务，将权限分配给软件执行者一定的时间（如一次"会话"时间）是可以接受的，在要求实体放弃权限之前，应提供必要的凭证使其能够再次申请权限。然而，对于较为敏感的任务，执行该任务的软件实体应只被分配执行该任务所需的权限的最少时间。当执行与可信功能相关的任务（如加密和策略执行功能、控制/配置更新）时，应强制执行"使用后放弃"的措施。

对于包含较少的"敏感"和"可信"组件的软件，最小特权原则更容易实施。在一个软件系统中，如果多个功能需要不同的权限，这些功能应该设计为多个分离的、简单的（理想的是单一用途的）可执行程序，它们可以互相调用，而不是设计为一个单一的、复杂的、多功能的可执行程序。

将功能模块化，并设计为独立的可执行文件，可最大限度地减少软件执行期间必须发生的权限变更次数。软件设计中，应将复杂的、需高级别权限的功能分解为多个简单的功能（或任务），而其中大多数功能不需要高级别权限。

例如，对于将文档从敏感网络发布到非敏感网络的软件，可以将其功能分解为以下组件。

● 解析文件文本内容；
● 确定被解析的文档是敏感的还是非敏感的；
● 如果属于非敏感的文档，则更改其敏感标记；
● 将非敏感文档发送给非敏感网络中的预期收件人。

这些任务中只有一个需要高级别权限，该权限会使其违反文件系统的强制访问控制策略，即标签修改功能。尽管其他功能也很重要，但这些功能不需要高级别的权限。

实践证明，由短小、简单功能组成的软件，更易于进行安全分析，并且一旦出现故障，也更容易进行排除，因此，其安全性将更容易得到保障。

但是，最小特权原则还不足以保证软件的安全性，软件设计还必须遵守其他原则，包括不向攻击者暴露关键组件、避免单点故障等。例如，如果软件需要执行多个高权限功能，那么这些功能不应设计在同一个组件中。同时，组件所需的权限不应与已知的安全标准、规范和配置约束相冲突。例如，如果操作系统 STIG 禁止为不可信软件程序分配"root"或"超级用户"权限，则设计不应要求软件被授予此类权限。

2. 职责分离原则

职责分离是指遵循不相容职责相分离的原则，以实现合理的组织分工。职责分离的基本原理是：用两把钥匙来开一把锁将比使用一把钥匙更加可靠和灵活。也就是说，一旦被锁，这两把"钥匙"可以是由物理上分离的或者是完全不同的程序来负责。这将避免单一的偶然事件或者受托人单方违背而造成对信息的损害。这个原则经常用在银行安全保险箱上，同时在核武器防御系统上也有应用，只有两个不同的人同时给出了正确的命令导弹才能被发射。在计算机系统中，分离"钥匙"是指当两个或者两个以上的条件满足时访问才能被允许。

密码应用中的密钥拆分是软件职责分离的一个实例。为了保证密钥的安全性，通常将密钥拆分为几部分，分别放置在不同的地方。例如，一部分放于系统注册表，另一部分放于配置文件中。这样就可以减小密钥被攻击者同时获取的可能性，提高了安全性。软件设计时应该将密钥存放的地点与密钥的保护机制都作为考虑因素。另一个职责分离的例子与开发过程中人员角色和软件部署环境有关，例如，不能让程序员验证、批准自己编写的代码等。

　　职责分离原则可以减少由于某一权限被滥用或者某一资源被破坏而遭受的损失。当职责分离与审计相关联时，还能防止不同部门人员相互勾结，从而避免内部欺骗。

　　职责分离的本质是"不应存在单个实体（人或软件）具有修改、覆盖、删除或销毁整个系统或构成系统的组件和资源的所有权限"。

　　这意味着，不存在任何一个实体能够执行软件的所有功能，所有实体都被分配了角色或职责，这些角色或职责要求该实体只执行系统提供的部分功能。

　　就软件设计而言，角色和权限的分离也与最小特权原则相一致，即系统应包括多个简单的单功能实体，并分配其完成功能所需的权限，而不是设计一个大的、复杂的多功能实体，并为其分配能够执行所有功能的"超级用户"权限。

　　例如，对于一个网站系统，最终用户不需要与网站管理员具有相同的特权，最终用户只需阅读发布的内容并将数据输入 HTML 表单即可。相比之下，网站管理员需要能够读取、写入和删除网站内容并修改 HTML 表单的软件代码。因此，用户角色及其职责所需的权限与网站管理员的角色及其职责所要求的权限明显不同。

　　清晰的职责分离带来的是清晰的模块划分，进而可以组合各个模块，将风险化解或分散到各个模块中。如果软件缺少职责分离，一旦出现问题，整个软件就都可能面临风险。使用职责分离，出现问题可以快速定位到模块，以便进行修复。另外，还可以对单个模块进行测试，保证各个模块的正确性。如果没有使用职责分离，则需要在软件完全开发后才能进行测试，一旦出现问题就需要在整个系统中查找。采用职责分离后，还可以重复使用已经开发的模块，并且可以在已有模块上增加、替换模块，同时不影响原有模块的功能。

3. 域隔离原则

　　域隔离原则通过最大限度地减少不可信用户与可信用户之间的交互来支持

通用原则 1，防止不可信用户访问系统的重要或敏感资源。域隔离原则通过对用户、进程和数据进行划分，确保不可信用户或不可信进程仅能在指定内存空间，对指定的数据，使用既定的方式以完成既定的任务，从而实现对软件重要或敏感资源的保护。同时，域隔离机制还有助于抑制错误和故障的影响。

域隔离原则一般用于多个用户的情况，对于多用户之间的数据共享机制，共享数据代表着潜在的信息传递路径，因此应尽量减少对通用机制的依赖。设计者应根据用户角色来划分功能或隔离代码，以限制共享数据暴露给不可信用户，从而提高软件的安全性。对于 Windows、Linux 和 UNIX 等仅支持单一访问控制策略的软件平台，通常不能实现域隔离原则。如果要实现该原则，应在更安全的平台上执行软件，如可信操作系统或基于硬件隔离的虚拟机。

4.3.2 通用原则 2：避免暴露薄弱组件和关键组件

实践表明，犹如一根链条，软件的安全性由最薄弱的组件决定。攻击者往往选择软件最薄弱的部分进行攻击，因为那里最容易被攻破。

如果进行风险分析，则应对软件最薄弱的组件进行识别，按照风险的严重程度进行排序，首先消除最严重的风险。与此同时，软件安全是动态变化的，修复所有的安全风险可能不具备较高的成本效益，因此，在所有组件都达到可接受的风险阈值时，应接受剩余风险。

1. 保持不同类型的数据隔离

软件中的数据包括可执行文件及配置数据等。该原则通过降低攻击者访问可执行文件和/或配置数据的可能性来支持通用原则 2。

用于实现数据隔离的技术基本都是系统级的技术，例如：

● 仅在哈佛架构的平台上实现软件，以确保程序数据和控制数据存储在两个物理隔离的内存区域中。

- 除非明确需要其他程序/实体读取或写入数据，否则只能由创建这些数据的程序设置这些数据的读/写权限。可能的例外是访问权限数据：这些数据只能由管理员写入，但所有用户（人和软件）都可以读取。

- 程序的控制/配置数据只能由该程序读取，并且只能由管理员写入。但客户端程序或浏览器配置数据是例外，该数据明确地由用户配置。在这种情况下，应只允许用户通过专用的配置或接口读取/写入这些数据。

- 在 Web 应用程序中，除非明确需要用户直接使用脚本查看数据，否则，所有类似数据应存放在 Web 服务器的文档树之外。

- 禁止程序将文件写入全局可写目录，如 UNIX/tmp 目录。程序写入的所有目录都应该配置为只能由该程序写入。

- 将数据文件、配置文件和可执行文件存储在彼此独立的文件目录中。可执行文件或脚本不应由管理员以外的任何人写入。任何人都无法读取已部署的（操作/生产）可执行文件；用户仅应被授予可执行文件的执行权限。

- 如果可能，加密所有可执行文件，并部署解密模块，将解密模块作为程序启动的一部分，解密可执行文件后再运行。

如果系统的访问控制功能不足以将软件的配置数据与潜在的攻击（数据篡改、删除/销毁）隔离，则应采用文件加密或数字签名等措施。这些措施要求软件实现加密相关功能，并在程序启动时解密和验证数字签名。

如果软件自身的访问控制功能不健全，则可能需要将软件的配置数据存储在远程可信服务器上。例如，单点登录服务器，由系统的公钥基础设施使用轻量级目录访问协议或其他类似可信系统服务。访问远程服务器的每个请求都应通过安全套接字层/传输层安全（SSL/TLS）等加密传输，以防止数据在传输过程中被"嗅探"。如果软件需要验证其接收到的配置数据，则返回的验证数据也应加密。

对于可能被复制的软件组件，当使用远程服务器存储配置数据时，不应通过与之前获取配置数据相同的通信信道发送修改数据；软件应通过单独的加密通道将修改后的数据发送给远程服务器。

2. 隔离不可信模块

通过将软件关键功能和不可信模块（如 COTS 模块和 OSS 模块）进行隔离来支持通用原则 2。不可信模块更易包含恶意代码，从而威胁软件的安全性。

不可信模块（组件、代理、进程）是指那些被认为不能满足预定义的可信标准的实体。例如，COTS 组件的源代码在开发过程中无法被审查，因此可能会被视为"不可信"。同样，未经数字签名或其签名无法验证的 Java 小程序也可能被视为"不可信"。

相比之下，可信实体能够满足确定的可信性标准。可信实体通常用于执行关键功能，包括那些涉及安全决策或配置数据修改的功能。所有实体在明确验证为可信之前都应被视为不可信。永远不应给不可信实体授予高级别的权限。

将可信实体隔离在独立的环境（使用专用的环境资源）中运行，并尽量减少其与不可信实体或外部接口的通信，以防止攻击者通过该接口输入攻击模式、提交恶意代码等。

软件的不可信模块也应被隔离，以限制潜在恶意或攻击代码执行造成的损害，特别是通过远程方式下载的软件。对于处理包含嵌入宏文件（如 Word 字处理程序）的软件，应始终将其视为不可信，并在执行前对其进行隔离。

许多执行环境提供了配置限制性"隔离区"的机制。与隔离关键功能一样，隔离高风险模块将阻止这些模块访问软件的其他区域及执行环境，包括数据文件和配置文件。

Java 和 Perl（实用报表提取语言）安全体系结构包括沙箱功能。.NET 在其公共语言运行（CLR）中包含一个代码访问安全机制。在运行时，沙箱或 CLR 为其中包含的可执行文件分配一个权限。该权限应是代码执行期间所需的最低权限。如果可执行文件以非预期的方式运行，则沙箱或 CLR 将生成一个异常，异常处理程序将阻止该行为，同时禁止该可执行文件访问沙箱外的任何资源。在 UNIX 系统上，可以配置 chroot jail 来提供类似沙箱的隔离环境。

更强大的隔离机制包括虚拟机、可信操作系统和可信处理器模块。除受限制的执行环境外，还可以使用以下机制来限制不可信模块的执行。

- **硬件初始化：** 将硬件存储器初始化为位模式，如果由于某种原因开始从随机存储器中读取指令，则该模式将恢复到安全状态。
- **程序流程监控：** 监控控制流转移，防止软件执行恶意数据或代码修改，确保仅通过外部入口点，包括指令类别、来源和目标，限制控制流转移。程序流程监控还提供具备"不可旁路执行特性"的沙盒，允许构建定制化的安全策略。
- **可变的程序存储器映射：** 该功能通过修改应用于程序堆栈的默认保护位及其他存储器区域来实现。计算机系统内存中的每个页面都有一组权限位，用于描述可能对页面执行的操作。计算机的内存管理单元与内核一起实现这些保护措施：更改内存映射不应修改受保护的程序。该机制对受保护的程序本身没有性能影响，但可能会使操作系统中产生开销。由于它需要对操作系统进行修改，因此这种保护措施易用性较差。另外，修改程序内存映射只保护栈，而不保护堆或程序数据。
- **监视和过滤：** 用于检测和防止执行环境中的不良状态。这种过滤通过在执行不可信软件之前、之后获取环境属性的"快照"，以及在程序中监视环境状态的变化，从而识别软件执行环境中的可疑状态修改。这种状态变化常常是恶意代码攻击的标志。

要成功地隔离和遏制风险，应建立和维持处于安全状态的隔离/遏制机制，并在预期的时间内接收故障告警，以最大限度地减少损害并确保故障不会危及受保护的软件。

3. 最大限度地减少接口数量

应为任何实体（功能、过程、模块、组件）设置最少的输入接口，理想情况下设置一个输入接口及少量的输出接口。该原则通过减少暴露给攻击者的接口数量来支持通用原则 2。它还使得软件更易于分析，并且在软件发布后，可以更轻松地进行组件替换。

4. 假设环境数据不可信

设计者应假设"执行环境的数据不可信"（除非能证明这种假设是错误的）。此原则通过减少软件对潜在恶意执行环境组件的暴露来支持通用原则 2。

开发者应假设"所在的环境是不安全的"。无论是外部系统、代码还是人员等，都应被关注。当开发一个应用程序时，应预先考虑未知用户输入的所有可能情况。因为即使是精通软件安全的专家，他们开发的软件仍然可能存在安全漏洞。

因此，软件应尽可能少地依赖其执行环境所提供的数据，并且应该在使用所有环境数据之前对其进行验证。例如，Java EE 组件在运行时向 Java 程序提供可信环境数据的"上下文"（如系统上下文、登录上下文、会话上下文、命名和目录上下文等）中运行。

5. 只使用安全的接口

该原则通过减少软件与其环境之间传递的数据来支持通用原则 2。

几乎所有的编程/脚本语言都允许应用软件发起系统调用，将命令或数据传递到底层操作系统。为响应这样的调用，操作系统执行系统调用命令，并将运行结果和返回码返回软件，返回码用来指示请求的命令是否执行成功。

尽管系统调用命令看似是实现底层操作系统接口调用的最有效方式，但安全软件绝不应直接调用底层操作系统或系统级网络程序（如 sendmail），除非实施了足够的控制措施，以防止任何用户、攻击者获得对调用程序的控制权。当软件发起系统调用时，系统调用函数都会创建一个潜在的攻击目标，从而降低系统的可靠性。

应用级软件应通过调用其他应用层程序、中间件或显式 API 来获取系统资源。同时，软件也不应使用面向用户的 API 或系统级工具来过滤/修改其输出数据。

所有对系统对象的引用都应保证安全。例如，文件名引用应指定被调用的系统资源/文件的完整路径名，如/usr/bin/sort 而不是.../.../sort。使用完整路径名消除了从错误的目录执行程序的可能性。

6. 完全中介

完全中介是指每一次的访问请求都需要被仲裁，且不能被绕过。完全中介不仅保护系统免受保密性威胁，而且在保证软件的完整性方面也能发挥一定的作用。不允许没有经过访问权限验证的浏览器进行数据回传，或者检查事务当前是否处于处理状态。这些措施能够防止数据重复，避免数据完整性问题。例如，软件应考虑一旦一个事务处理过程已经被启动，用户控制就应该被禁用，直到处理过程结束，而不是仅仅通知用户不要点击一次以上而已。

完全中介设计原则也可以用于解决冗余路径的脆弱点失效问题。为了在软件中恰当地实现完全中介，建议在设计阶段识别需要访问高优先级和敏感资源的所有可能的代码及路径。一旦这些优先级代码被识别，就应要求这些代码路径仅使用单一接口，以便在执行请求操作之前首先执行访问控制检查。采用单一的输入过滤列表对所有外部输入进行检查控制，这种单一输入验证模式是集中输入验证在一个具体场景下的应用实例。另外，采用外部输入验证框架以保证所有输入在处理前都要被验证。

4.3.3　通用原则 3：减少攻击者破坏的途径

1. 简化设计

该原则通过减少攻击者可利用的漏洞来支持通用原则 3。在评估系统安全性时，一个重要的因素是复杂性。如果设计、实现或者安全机制非常复杂，那么安全弱点存在的可能性将会增大。通过简化设计，设计者可以减少系统漏洞，尤其是难以发现的漏洞。如果系统设计过于复杂，则对其设计的安全性将难以进行分析和理解。

一些简化软件设计的方法如下。

（1）限制软件中可能的状态数量。

（2）更多地使用确定性过程，而不是非确定性过程。

（3）尽可能使用单一任务而不是多任务处理。

（4）使用轮询而不是中断。

（5）在组件中包含最少的功能集或功能；软件应只包含满足工作必需的那些功能。软件的体系结构分解应该与其功能分解相匹配，使软件段能够一对一地映射到预期目的。

（6）分解组件和进程，将它们之间的相互依赖关系最小化。这样可以防止当某个组件或进程出现故障或异常后，迅速影响其他组件或进程的状态。一旦组件依赖的环境和硬件失败，就会经常出现漏洞。可以通过以下方式实现解耦。

● 将软件的功能模块化，设计为离散的自治处理单元。这包括将各个功能的处理序列分解成多个单一目的增量序列，而不是将功能作为单个复杂步骤来实现。

● 只为进程分配只读或限制写内存空间权限，以防止非授权组件修改数据。

● 尽量使用紧耦合，而不是松耦合。

● 避免时间相关的进程（必须在给定的时间范围内执行的进程）。这将增加程序对意外事件或交互容忍的阈值。

● 避免采用固定处理序列。因为这种序列只允许使用一种方式达到目标，而攻击者可以利用该特性来触发意外事件。

● 移除不必要的功能。如果软件包含 COTS 或 OSS 组件，这些组件可能存在休眠代码、死代码、不必要的功能代码或未公开的功能代码，因此，应使用代码封装来隔离这些代码，以防止它们在软件运行过程中被无意或故意地触发。

2. 审计所有用户

这种做法通过记录所有可能的攻击行为，帮助识别和隔离攻击来源。

传统的审计机制是审计和不可否认措施的结合。审计功能将记录与系统交互过程中各类用户（包括人员和进程）的安全相关操作。审计与标准事件记录的区别在于：①审计记录中记录信息类型；②审计记录的完整性保护能够防止它们被有意或无意地删除或篡改。

不可否认措施适用于用户与系统交互而创建或操纵的任何审计对象。这样的审计对象可以包括电子文档、数据库、表单字段。不可否认措施通常是数字签名，该签名绑定了创建或修改该审计对象的身份。

审计和不可否认的先决条件是能够将经过身份验证的用户与其执行的行为进行绑定。这需要使用诸如数字证书之类的机制将身份验证的结果与该角色关联起来。

在软件密集型系统中，审计和不可否认措施不限于人类用户，还应包括半自动和完全自主的软件实体，如代理、网络服务，这些服务在没有人为干预的情况下运行，在某些情况下不需要被觉察。

3. 避免时序、同步和排序问题

这种做法通过降低竞争、顺序依赖性、同步和死锁等问题来支持通用原则 3。开发者应该采用有效的措施以避免此类问题，并确保任何多任务和多线程的一致性。

许多时序和排序问题是由于在不相关的程序间共享状态信息（特别是实时和序列顺序信息）而造成的。

例如，假设对象 A 被设计为向对象 B 发出请求验证，如果它在 5s 内没有接收到验证结果，则终止。对象 B 被设计为从对象 C 处接收验证请求；如果对象 B 在处理对象 A 的验证请求时，接收到 C 的请求，则对象 B 被设计为中断该处理以处理对象 C 的请求。该中断可能超过对象 A 的 5s 等待阈值，从而导致对象 A 终止。

在上面的例子中，攻击者可以使用中间人攻击来冒充对象 C，发出验证请求，这会导致对象 B 中断所有处理以处理表面对象 C 的请求。如果中断时间超过 5s，对象 A 将终止，因此，攻击者本质上已经导致程序失败。

为了避免出现由于时序、同步和排序问题而产生的故障，开发者应：

● 使所有交易具备原子性（不相互依赖）；
● 对数据"写入"使用多阶段提交；
● 使用分层锁定来防止进程同时执行；
● 根据性能要求，设置尽可能高的进程的"等待"阈值；
● 减小系统处理的时间压力，如降低处理速度。

多任务和/或多线程可以提高软件性能，但增加了软件的复杂性，使得分析和验证软件的正确性和安全性变得更加困难。多任务和多线程也增加了"死锁"的可能性。

4. 避免不确定状态

这种做法通过降低软件进入不确定状态（可利用状态）的可能性，支持通用原则 3。

　　软件应始终以安全状态开始并结束其执行。状态变化应该始终是预期的，绝不是不确定的。如果存在多个安全状态，由于不同的处理条件，软件应包含一个决策功能，使其能够选择进入最合适的安全状态。

5. 可控性设计

　　此原则通过控制软件执行逻辑来增加软件的可生存性。

　　以下一些特定的设计将增加软件的可控性，包括：

　　（1）能够自我监控，限制资源使用。

　　（2）提供反馈信息，使得在做出决定之前，软件使用的所有的假设和模型都能被验证。反馈信息应包括中间状态和处理事件的结果。

　　（3）例外、错误和异常处理及恢复。

- 使关键标志和条件尽可能靠近它们所保护的代码。
- 将没有受保护的条件解释为软件过程未被保护。
- 使用联锁（同步机制）来强制执行一系列动作或事件，以保证不会执行预期范围之外的序列。例如，联锁可用于阻止访问的易受攻击的进程，或者保护安全状态并防止软件使用无效数据。

6. 安全故障设计

　　这种做法通过增加故障处理程序，减小利用软件故障发起攻击的可能性。

　　任何复杂的系统都应该有故障模式。故障是无法避免的，当软件发生故障时，可能出现不安全的行为。此时，攻击者只需引导软件进入故障，或等待故障发生，就可以发起攻击。因此，在进行软件设计时，应考虑当故障发生时需要避免哪些安全问题。

例如，当一个软件发生故障时，系统应安全地退出。这通常包括：载入安全的默认设置（如停止被访问）；撤销前面的操作并恢复到一个安全状态；检查错误返回值等。

在安全故障状态，软件应保持其保密性和完整性，即使可用性已被破坏。在软件故障期间，应确保攻击者不能访问高权限才能访问的资源。

7. 可伸缩性设计

这种做法通过最大限度地减少由于发生故障造成的无法抵御攻击的持续时间，来支持通用原则3。

软件设计应使软件能够利用系统级的冗余和快速恢复功能。例如，如果系统支持自动备份和热备份及自动切换功能，则软件的设计应该模块化，使其关键组件可以在"热备份"平台上完成解耦和复制。

软件在处理自身的错误、异常和例外时，应支持向后和向前恢复。向后恢复使软件能够在漏洞出现之前，检测到每个异常和错误。如果发生故障，则例外处理程序应将该软件返回此前的安全状态。

前向恢复措施包括使用稳健的数据结构、动态可替换的流控及不会超过一个周期的单周期错误容错（即忽略）。

软件的错误处理应能够识别并容忍可能由于人为失误而造成的错误，如输入错误，包括：

- 允许软件具有足够的容错能力，使其能够在大量用户输入错误的情况下继续可靠运行；
- 对于错误信息，在提供必要的错误纠正信息的同时，避免向潜在攻击者提供过多的内部错误消息。

8. 易用性设计

易用性通常指用户使用的方便程度。用户采用安全机制所面临的一个主要问题是用户常常觉得安全太复杂。因此，安全保护机制不应该成为用户额外的负担，更不能比在没有安全保护机制的情况下对资源的访问更困难。易用性不应该因安全机制而受阻，否则用户就会倾向于关闭或绕过安全机制，从而中和甚至抵消任何保护机制的功能。同时，安全机制本身也应该对用户透明，如果用户对于所用的安全机制存在质疑，则他们会选择弃用这些安全机制。

软件的配置和执行应该尽可能地简单和直观，输出应该清晰、直接而且有用。软件配置太复杂，系统管理员可能简单地以一种无安全状态的方式来配置。同样，安全的软件必须易于使用，输出信息易于理解。

4.4　执行环境安全

软件通常依靠环境级的组件来提供安全保护及相关服务。这些服务通常包括加密服务、虚拟机/沙箱、输入过滤等。

由于环境级的组件通常由软件实现，因此它们一样会遇到相同的安全问题。当使用这种环境级的组件时，应确保任何环境级的组件故障不会威胁软件安全。因此，所有软件都应包括：

- 输入验证模块，使得软件本身能够识别并拒绝所有恶意和异常输入；
- 错误和异常处理模块，为软件提供高水平的容错能力，并确保当软件无法避免失败时，该失败不会使软件及其数据处于不安全或易受攻击的状态。

不同的软件可能需要其执行环境提供不同的安全服务，这种安全需求通常由以下因素决定。

- 要保护的软件的类型、特征和目的；
- 可以从执行环境中获得的安全保护和服务的类型与强度；

● 软件在预期执行环境中面临的威胁。

例如，军用武器系统中的嵌入式软件与游戏控制台中的嵌入式软件有不同的目的和特点、不同的可用环境保护和服务及不同的预期威胁。实现操作系统的软件与分布式 Web 应用相比，其目标和特征不同，期望从环境中获得的保护和服务集合（仅限于固件和硬件）也不同。

对于依赖于环境提供安全服务的软件，其接口不应依赖于特定系统或硬件，因为如果环境组件升级或者替换，或者软件移植到了其他环境，软件将不能安全地运行。开发者应该只实现环境组件标准化的接口，这些接口可以在编译或运行时进行配置、修改和替换。这种灵活性不仅可以将组件更改对软件造成的风险降到最低，而且可以避免为适应环境变化而对软件进行大幅修改。

4.4.1　环境等级划分：约束和隔离机制

1. 标准操作系统访问控制

在 UNIX 或 Linux 系统上，操作系统访问控制"jail"功能可以配置为一个独立的执行区域，从而实现与 Java 或 Perl "沙箱"相似的功能。

2. 可信操作系统

可信操作系统包括强制执行基于保密性的强制访问控制策略的文件系统。在大多数可信操作系统中，包括安全加固 Linux 或可信 Solaris，这种基于保密性的强制性介质访问控制（MAC）策略符合 Bell-LaPadula 保密性模型。由于其关注的是保护信息不被泄露，所以基于 Bell-LaPadula 的 MAC 在保护软件安全方面作用有限，因为软件的主要威胁是可执行程序和控制文件的完整性，即防止被篡改或破坏。因此，如果仅考虑软件安全而不是数据安全，那么基于保密性的可信操作系统几乎没有价值。

BAE Systems 的安全可信操作程序基于完整性的 MAC 策略，符合 Biba 分层完整模型。与强制性机密策略不同，强制性完整性策略对于防止系统内的活动实体（即用户、软件进程）修改或删除被动实体（即文件、设备，包括软件可执行映像、控制文件和配置文件）极其有效。实际上，这意味着：

（1）程序的可执行映像可以设置为比分配给用户的权限更高的完整性级别，从而防止用户修改或删除该可执行文件。

（2）程序的控制文件可以设置为比执行程序的权限更高的完整性级别，从而使程序能够读取这些文件，但不能修改或删除它们。

（3）高完整性文件的写入/删除权限仅授权给管理员。

一个非分层的 MAC 模型是 DTE（Domain and Type Enforcement，域和类型强制执行）。在 DTE 中，主动实体被分配"域属性"，而被动实体被分配"类型属性"。然后使用表格列出访问控制系统支持的表示域的行和表示类型的列。在 DTE 的每个交叉点处，存在允许域中的主动实体在相交类型的被动实体上执行的所有访问模式（如读取、写入、执行、遍历）的指示符。

DTE 为基于角色的访问控制、基于属性的访问控制和风险自适应访问控制提供了基础，它对实施分区（compartmentalization）也很有用。分区是一种隔离形式，其中被动和主动实体之间的交互不是基于非等级考虑的，而是基于访问权限与权限的分层级别。这种非分层考虑包括主动主体的读、写或执行一个给定的被动对象。

3. 安全加固操作系统

操作系统安全加固的范围从附加安全功能（如移动代码签名验证、输入/输出过滤和磁盘加密）、中间件（如可插入验证模块）到包括参考监视器的完整强制访问控制功能。在某些情况下，安全功能要么由供应商或第三方内置到通用操作系统的"安全版本"中，要么作为第三方"附加"产品。

4. 安全增强操作系统

一些供应商提供了安全或"锁定"版本的操作系统。其中许多是面向应用程序的，即它们用于托管特定类型的高级应用程序，如防火墙、入侵检测系统、VPN 服务器等。操作系统已剥离应用程序明确不需要的所有功能（服务和资源），并且预先配置了可能的最严格的访问控制和网络设置，从而最大限度地减少了由此产生的操作系统的"攻击面"。

5. 最小内核和微内核

最小内核和微内核是现有操作系统的修改版本，删除其中有问题的和不必要的功能，从而生成一个小巧、运行良好的运行环境，该环境只提供在其上运行的软件系统所需的最小核心服务和资源。为这些内核编写代码的开发者需要充分了解缺少哪些服务和资源，以确保它们的软件不依赖于这些服务。确定获取或重新使用的组件是否可以在系统上运行可能是一个挑战。新兴的微内核类型是安全微内核，也称"分离内核""安全 hypervisor""安全内核"。

安全微内核的主要设计目标是减小核心可信代码库的大小，并在可信代码库和不可信的代码之间建立清晰、不可逾越的接口。内核代表了一个小型的可信系统，可以通过硬件、软件，或两者结合来实现。通过软件实现时，与传统的操作系统或虚拟机等大型系统库相比，它非常小。安全微内核只提供非常有限的服务，这些服务通常包括硬件初始化、设备控制、应用程序调度和应用程序分区。

即使只有有限的服务和安全功能，安全微内核也可以运行传统操作系统或完整虚拟机服务，同时保持较高的安全性。通过执行进程（或应用程序）隔离策略，安全微内核可以保证两个独立运行的进程或虚拟机（VM）环境不会相互影响（因此称为内核隔离），从而确保插入内核某一隔离段中的恶意代码无法访问或窃取资源、损坏或读取文件，或以其他方式损害另一隔离段中的进程或数据。

安全微内核通常与常规操作系统结合使用，托管 VM 或使用嵌入式系统直接托管应用级软件。许多安全微内核是系统特定的组成部分，安全硬件微内核尤其如此，如智能卡、加密设备和其他嵌入式系统的微内核。

6. 虚拟机

隔离是虚拟机最常被提及的一个特征，能够用于提高虚拟机中软件的可靠性和安全性。隔离意味着虚拟机内的软件获得操作系统的特定资源（内存、硬盘空间、虚拟网络接口等），也即虚拟机直接以软件的名义访问这些资源，实质上是充当软件的主机，而隔离实际的底层平台（操作系统和/或硬件，取决于 VM 的类型），同时防止软件影响驻留在 VM 之外的任何其他程序和资源。虚拟机提高可靠性、可信度和/或恢复能力的功能还包括负载均衡、支持镜像恢复和监控。虚拟机实现的范围从虚拟应用程序编程接口（API）层（如由 Java 虚拟机[JVM]和.NET CLR 提供的那些层）、操作系统虚拟化，到完整系统（硬件和软件）的虚拟化。

虚拟机，尤其是那些实现完整系统或操作系统虚拟化的虚拟机非常复杂，并且毫不例外地包含了能够绕过其隔离功能的漏洞。有人建议使用"超薄"（即非常小的功能受限）的虚拟机，以提高虚拟机的健壮性并减少虚拟机的漏洞。

7. 可信平台模块

与虚拟机和沙箱类似，可信平台模块（TPM）利用硬件来执行类似虚拟机的进程隔离。TPM 可以由硬件或软件实现，目前以芯片方式实现较多。TPM 作为可信计算技术的核心，被业内喻为安全 PC 产业链的"信任原点"，旨在将 PC 变成一个安全可信的计算平台。在实际应用中，TPM 安全芯片被嵌入 PC 主板之上，实现完整性度量、敏感数据的加密存储、身份认证、内部资源授权访问和数据隔离、数据传输加密等功能。

8. 防篡改处理器

防篡改处理器通常使用基于硬件的加密解决方案（如防复制软件狗），通过阻止对处理器上托管的软件进行逆向工程和非法复制，来提供软件许可执行和知识产权保护。防篡改处理器还可以阻止对软件进行未经授权的修改，从而保护托管软件的完整性。

4.4.2　应用程序框架

应用程序框架越来越多地被用于为应用软件提供一套标准的中间件级和环境级服务接口。此外，应用程序框架还提供类似中间件的服务、软件库及其他资源。应用程序框架提供的服务构成了功能（包括安全功能）的标准实现，可以由框架内实现的应用程序调用。安全服务（带 API 封装的安全功能）应用程序框架通常提供加密/解密、用户身份鉴别和授权、哈希和代码签名等功能。通过提供标准服务，该框架消除了开发者开发的工作量。

应用程序框架提供的安全功能有助于提高框架内托管的应用程序的安全性，包括代码签名和代码签名验证，以及减少由于组件内接口和组件间交互造成的漏洞。

应用程序框架可能是低级或高级的。低级框架包含在 Java 和.NET 等应用平台框架中。它们通常提供可插入的机制框架，支持用于请求各种安全功能的应用程序的通用前端 API，以及可以访问多种不同安全机制和接口的后端服务 API，如可插入身份验证模块、Java 身份验证和授权服务、通用安全服务应用程序编程接口、集成 Windows 身份验证、Microsoft 安全支持提供程序接口、IBM 系统授权工具等。

高级应用程序框架包括 Web 服务器和 Web 服务框架，由应用程序服务器和 Web 服务器提供，如 Microsoft 的 Internet 信息服务和.NET 服务器页面（ASP.NET）、Java EE 服务器和 Java Servlet 引擎（如 Apache Tomcat）。这种框架的主要功能是为其托管的应用程序配置身份鉴别、授权和访问控制（如 Java

容器）及初步审计功能。Web 服务框架还提供 Web 服务独特的基础结构组件，如注册表及 Web 服务管理功能。

除两种流行的 COTS 应用程序框架（Java EE 和.NET，它们都使用 Java 作为"托管代码体系结构"来控制在框架内运行的客户端和服务器端应用程序代码的行为）外，还有商业框架，如 Oracle SOA 套件及几个流行的 OSS 应用程序框架，包括 Eclipse、Ruby-on-Rails（用 Ruby 语言开发的应用程序框架）、Jakarta Struts、Spring 和 Hibernate。

当诸如.NET、Java EE、Eclipse 等应用程序框架未提供满足托管应用程序安全需求所需的服务时，开发者需要以编程方式扩展或覆盖框架的内置功能。每个应用程序框架都通过自己的编程模型支持安全扩展。

从软件保障的角度来看，依靠应用程序框架来提供诸如安全服务等高效服务是一把双刃剑。尽管一些 COTS 和 OSS 框架已经通过（或正在接受）Common Criteria 评估，但仍然没有开发出符合安全设计、代码、测试和配置管理原则及实践的框架。如果不能提供足够的保障，将不能确保应用软件所依赖的安全功能或关键服务是可靠的、可信的或可生存的。

对于需要中高级别软件保障的应用程序，实施定制框架以提供关键服务，并依赖 COTS 或 OSS 框架提供低级别软件的服务是可接受的。通过这种方式，定制框架可以实现对 COTS 或 OSS 框架的扩展或覆盖，并且它提供的框架实际上可以包括用于减轻 COTS/OSS 所带来的安全风险的服务框架。例如，自定义框架可以包括严格验证发送到所有参数及从 COTS/OSS 框架 API 接收的所有返回值。

第 5 章　基于组件的软件工程

软件开发的最大挑战是软件的复杂性，所以控制软件的复杂度是软件设计的核心问题。"分而治之"是软件设计解决复杂度难题的主要思路，抽象和分解是软件设计的核心思想。分解（decomposition）是在横向上将系统分割为几个相对简单的子系统（subsystem）。分解之后每次只需关注经过抽象的相对简单的子系统及其相互间的关系即可，从而降低了复杂度。抽象（abstraction）则是在纵向上聚焦各子系统的接口。这里的接口（interface）和实现（implementation）相对，是各子系统之间交流的契约，是整个系统的关键所在。抽象可以分离接口与实现，让人更好地关注系统本质，从而降低复杂度。分解和抽象一般是一起使用的，比如我们既可将系统分解为子系统，又可通过抽象分离接口与实现。

无论分解还是抽象，它们都是有层次性（hierarchy）的，即我们可以不断地分解和抽象，在子系统的内部，还可以再分解出更小的子系统，再抽象出更小的接口，这就形成了层次，直到其分出的每个部分都足够简单。

5.1　基于模块的软件设计

5.1.1　软件模块化

复杂软件系统中，降低复杂度的一个方法就是模块化分解。分解之后，系统就变成多个小的模块。复杂系统的分解方法有很多，不同的分解产生的模块也不同。对软件来说，模块的划分最好能够使得复杂系统易于理解、管理和演化。由于人的认知处理能力遵循 7±2 原则（即人们直觉上能够同时处理的主题数量上限为 5～9），所以对于复杂系统需要将其模块化，使得我们在同一时刻只关注一个主题。此外，模块化能够帮助我们将整个开发工作进行划分，从而分而治之。模块化还能够隔离各个模块，使得变更和复用能够在不影响其他模块的情况下进行。

所以系统设计的目标就是决定什么是模块，什么是好的模块，以及模块之间怎么交互。模块化思想中的模块是指代码片段，它在不同的方法中有着不一样的实现。在结构化方法中，代码片段是程序设计语言中的函数（function）、过程（procedure）和模块（module）；而在面向对象方法中，代码片段则是面向对象程序设计语言中的类（class）、方法（method）和模块（module）。不论模块实际功能如何，模块化的原则是通用的，尤其是最重要的高内聚和低耦合原则，即每个模块的内部有最大的关联，而模块之间有最小的关联。

分解之后的模块之间存在着联系。这种联系可能是对一个标识的引用或者是定义了一个别处的地址。模块之间的联系越多，两个模块之间的关系就越多。联系的复杂程度越高，两个模块之间的关系就越复杂。

耦合描述两个模块之间关系的复杂程度。根据耦合性的高低，耦合可依次分为内容耦合、公共耦合、重复耦合、控制耦合、印记耦合、数据耦合等。模块耦合性越高，模块的划分越差，越不利于软件的变更和复用。

内聚表达一个模块内部的联系的紧密性。内聚可以分为 7 个级别，由高到低分别为信息内聚、功能内聚、通信内聚、过程内聚、时间内聚、逻辑内聚、偶然内聚等。内聚性越高越好，越低越不易实现变更和复用。

模块化是把复杂问题分解成若干个小问题，从而可减少解题所需的总的工作，体现了"分而治之"的问题分析和解决方法。保持"功能独立"是模块化设计的基本原则。"功能独立"的模块可以降低开发、测试、维护等阶段的代价。但是"功能独立"并不意味着模块之间保持绝对的孤立。一个系统要完成某项任务，需要各个模块相互配合才能实现，此时模块之间就要进行信息交流。

1. 模块独立

模块独立是指软件系统中的每个模块只涉及软件要求的具体的子功能，而和软件系统中其他的模块的接口是简单的。例如，若一个模块只具有单一的功能且与其他模块没有太多的联系，则称此模块具有模块独立性。

模块独立性的度量之一是内聚性，模块独立性的度量之二是耦合性。内聚性是一个模块内部各成分之间相关联程度的度量，耦合性是模块之间依赖程度的度量。内聚和耦合是密切相关的，与其他模块存在强耦合的模块通常意味着弱内聚，而强内聚的模块通常意味着与其他模块之间存在弱耦合。模块设计追求强内聚、弱耦合。

2. 信息隐藏（参数隐藏）

为了尽量避免某个模块的行为去干扰同一系统中的其他模块，在设计模块时就要注意信息隐藏。信息隐藏原理指出，模块应该设计得使其所含的信息（过程和数据）对那些不需要这些信息的模块不可访问，每个模块仅完成一个相对独立的特定功能，而模块之间仅交换那些为完成系统功能所必须交换的信息，即模块应该独立。

模块的信息隐藏可以通过接口设计来实现。一个模块仅提供有限个接口（interface），执行模块的功能或与模块交流信息必须且只须通过调用公有接口来实现。如果模块是一个 C++对象，那么模块的公有接口就对应于对象的公有函数；如果模块是一个 COM 对象，那么该模块的公有接口就是 COM 对象的接口。一个 COM 对象可以有多个接口，而每个接口实质上是一些函数的集合。

5.1.2　模块化设计的安全原则

为更好地实现软件功能，首先需要从实现角度把软件的各种功能进一步进行梳理和分解。分析人员结合算法描述仔细分析数据流图中的每个处理功能，如果一个处理的功能过分复杂，就必须把它的功能适当地分解成一系列比较简单的功能。一般来说，经过分解之后应该使每个功能对大多数程序员而言都是易于理解的。功能分解使得数据流图进一步细化，同时还应该用 IPO 图或其他适当的工具简要描述细化后每个处理的算法。

通常软件中的一个模块完成一个适当的子功能。应该把模块组织成良好的层次系统，顶层模块调用它的下层模块以实现程序的完整功能，每个下层模块再调用更下层的模块，从而完成程序的一个子功能，最下层的模块完成最具体的功能。软件结构（即由模块组成的层次系统）可以用层次图或结构图来描绘。

在对软件进行模块化分解的过程中，由于可能存在多个分解方案满足功能需求，因此需要对这些不同的方案进行分析，以确定哪些组件组合能够生成最安全的系统行为及最少的漏洞。

软件在模块的集成过程中应尽量降低漏洞暴露程度，约束模块的不安全操作和状态更改行为，并减小模块对软件中的其他模块可能造成的负面影响。不可信模块、易受攻击的模块应位于软件中最不易暴露的位置。

在模块设计过程中，应注意以下问题。

（1）不同的体系结构模型必须基于明确的或隐含的假设，即每个模块与其他模块如何交互（即组件将扮演服务提供者还是保护角色或依赖角色）。

（2）COTS 的供应商，以及其他二进制组件的供应商，如 GOTS、共享软件、免费软件（非开源），几乎总是保留其组件源代码的知识产权。大多数供应商都不会对这些组件进行修改。因此，二进制组件是一个"黑匣子"，其功能、接口和约束只能通过内部接口进行重新配置，然后才能在组件支持的范围内进行更改。否则，必须使用诸如筛选器、应用程序防火墙、XML 网关和安全封装等外部方法来抵消任何不可接受的安全行为，并在组件自身屏蔽尽可能多的漏洞。

（3）选择特定组件时，组件的持续安全状态及整个软件的安全状态部分取决于组件供应商在发现漏洞方面的响应速度。即使软件产品供应商发布了安全补丁，开发者也无法确定这些安全补丁是否会导致所选组件无法在该软件上正常运行。因此，系统设计需要能够轻松适应：

● 用新版本替换组件或用不同供应商的相似功能组件；
● 重新配置组件；
● 插入"反制措施"以减少系统集成后发现的安全漏洞，包括由版本更新或组件替换而产生的安全漏洞。

理想情况下，组件架构应尽可能通用。它应该反映组件的角色，而不是某个特定 COTS 或 OSS 的具体实现细节。

5.2　COTS 和 OSS 组件的安全问题

由于 COTS 和 OSS 在开发时并未将安全性列为主要考虑因素，因此，可能存在很多安全问题。

5.2.1　缺乏可见性问题

COTS 和其他基于二进制组件（如 GOTS、共享软件、免费软件等）的使用给软件安全带来了挑战，由于缺乏源代码和详细设计规范，分析人员无法确定这些组件的内部行为和状态变化。因此，对于大多数二进制组件而言，唯一可行的分析方法是将组件视为"黑盒"，并观察组件与外部实体的交互。

即使是中间件组件，如软件库，为帮助用户更好地使用组件，开发者通常也仅对接口进行很好的描述。开发者为保护组件的知识产权（如算法、数据、参数），通常不愿意透露这些组件内部的工作方式。同样，硬件级的组件通常包含大量有关底层硬件和体系结构的信息，硬件开发者希望对软件开发者和用户隐藏这些信息，以阻止竞争对手和黑客对其产品进行研究和开展逆向工程。

对于黑盒组件，通常需要分析和测试组件（希望严格定义）的输入、输出、假设（即关于组件预期从外部组件获得的服务、保护等）、来源（指出组件开发者的可信赖性及以安全开发过程来开发组件的可能性）等。

为确保组件的安全性，通常需要对组件进行更深入的安全性分析，不仅包括在预期条件下对组件的功能和行为进行分析，还包括在意外条件下对组件的功能和行为进行分析。预期条件是指按照组件预期的环境，与其他组件的交互情况；意外条件是指当其他组件出现异常或根本无法操作时，被测组件与其他组件的交互情况。

为了提高对组件的了解，应优先选择具有开放接口的组件。在组件审查时，应使用文档对组件进行研究以了解组件的细节（包括已知漏洞和针对这些漏洞的可用对策），进而弥补缺乏组件详细说明的缺陷。

如果存在多个具有类似功能的基于开放接口的组件，则可以对它们进行比较：以相同的方式让其与外部进行通信，观察它们的区别，并分析接口是否存在漏洞。即使后续使用过程中发现组件使用存在问题，由于接口的开放性，组件的替换也会更加容易。

5.2.2 软件来源和安装问题

软件谱系（pedigree）是指识别软件的研发背景信息，包括以下内容。

- 软件开发实践：确定软件是如何开发的，使用了哪些方法、手段和工具；
- 软件开发者：确认软件开发过程中是否包含检查和控制措施；
- 软件需求：确认软件功能规范是否可用，如果可用，是否包括安全要求，这些要求是否与软件预期的安全目标相关；
- 审查和测试制度：除非有确切的证据，否则应假设组件的审查和测试未考虑安全性。

软件源头（provenance）是指软件创建后，分发和部署过程中可能存在的风险。这些风险包括：

● 软件分发过程中可能存在的字节码混淆、代码签名，或者在分发过程中可能存在的任何有意或无意的代码修改；
● 软件及其执行环境的安装和运行环境配置；
● 操作风险，包括对其执行环境的修改、用户交互，以及其他恶意或非恶意代码的交互；
● 对运行过程进行有意和无意的修改，如进行运行时刻（runtime）解释、动态链接、补丁/更新安装、恶意代码插入等。

谱系和源头信息允许评估者对 COTS 和 OSS 组件的集成和维护制定一些可靠的假设。对组件创建的方式及创建的影响越了解，这些假设就越可靠。

然而，COTS 组件通常由多个开发团队共同完成，这些团队可能位于境外。OSS 组件通常是分散在不同地理位置的开发者"社区"合作的产物。虽然一些知名的 OSS 社区（如 Linux 社区或 Apache 社区）遵循极其严格的 SDLC 和版本控制规范，但许多其他较小的 OSS 项目并未受到严格限制。

对于 COTS 和 OSS 组件，除非能够确认其开发过程遵循严格的检查和控制措施，且这些检查和控制措施不仅包括背景检查，而且包括对 COTS 和 OSS 开发者在较长时间内的行为观察，否则 COTS/OSS 组件可能会受制于开发者未知或难以发现的国家和政治背景、意识形态、恶意倾向等。

Palamida 和 Black Duck Software 提供了软件的谱系和源头分析。这些工具能够对 COTS 产品和大型软件系统中的源代码进行分析并发现其谱系"特征"。最初，其重点是开源许可规范（License Enforcement），但 Palamida 提供的服务也能够根据与谱系相关的证据来验证安全性。这些服务提供商仅将其发现的数据提供给付费用户。

组件评估者可以利用 COTS 和 OSS 组件的谱系和源头信息决定是否及如何进行组件安全评估。例如，如果根本没有可用的谱系信息，则可以拒绝该组件，特别是当该组件将用于执行可信或关键功能，或作为关键基础设施功能的一部分时。对于关系到国家安全的信息系统，其组件应 100%国产化。对于不可信的COTS 和 OSS 组件，至少应执行下述活动。

● 对组件进行深入的安全分析，且分析结果表明其遵循了安全的开发过程；
● 使用环境级别的控件将其与其他可信组件隔离，并限制该组件的执行，以最大限度地减小其造成的损害。

5.2.3　安全假设的有效性

对于从外部获取的组件，其安全功能和特性基于该组件提供者做出的假设，包括组件提供者的安全需求、预期使用的操作环境等。组件提供者的假设很少完全符合软件系统的所有安全需求、上下文和操作过程。

由于 COTS 和其他黑盒软件缺乏可视性，有时难以发现其安全性假设和要求，无法判断它们是否与系统架构中"通用组件"的安全假设一致或冲突。

5.2.4　休眠代码、死代码和恶意代码

由于 COTS 和其他组件的源代码缺乏可见性，且缺乏时间和资源来对其进行彻底分析，导致开发者无法准确地判断组件的安全性——不仅包括软件系统中使用的组件功能，还包括未使用的功能。COTS/OSS 组件中可能存在以下 3种"非预期"代码。

（1）休眠代码（Dormant Code）：软件中一般情况不会使用的代码。这些代码及其接口功能齐全，但它们在软件正常执行中不会被调用。然而，这些代码功能可能会被无意调用，从而出现意想不到的后果。而且，由于软件在正常情况下不会使用休眠代码，除非将这些代码明确添加到软件的安全审查和测试计

划中，否则无法对其进行彻底的分析和测试。

（2）死代码（Dead Code）：由于 COTS 和 OSS 组件会随时间的推移而不断发展，旧功能通常会被新功能替代。然而，很多情况下，由于代码开发者不太理解旧代码的意义，他们往往会通过"消除"外部调用接口而"切断"旧功能代码，而不是删除它们；因此，新的 COTS/OSS 组件（如操作系统、数据库管理系统和流行应用程序）中可能包含"死代码"。虽然"消除"死代码接口能够降低代码意外执行的风险，但死代码仍然存在着被执行的可能性，而且一旦死代码被攻击者获知，攻击者就能够利用该代码发起攻击。与休眠代码一样，死代码的执行结果是不可预知的，而且很有可能是危险的。与休眠代码类似，死代码通常也不会被审查和测试。

（3）恶意代码：嵌入式恶意代码（如逻辑炸弹）、时间炸弹、特洛伊木马是 COTS/OSS 组件中可能存在的常见的 3 种恶意代码。与休眠和死代码不同，恶意代码是被故意嵌入的，主要目的是破坏 COTS 和 OSS 组件所在的系统安全性。就像死代码一样，恶意代码很难被发现，因此难以进行防护。

上述代码的存在使代码安全分析更加困难。因为它们不会被执行，所以测试者可能不会对其进行审查、构造测试用例，以确保它们不会危害系统安全性。

因此，安全集成时需要对软件中未使用的代码进行隔离和约束。隔离和约束应确保仅允许授权实体访问授权功能。实际上，不可信的 COTS 和 OSS 组件应尽可能与外部访问（人员或进程）隔离，以防止它们被意外地执行，保证其不会威胁软件整体的安全运行。

5.3　组件的安全评估

通常情况下，开发者对组件的安全性没有深入理解，或者主要基于提供者的安全声明。而事实上，只有对组件进行客观、全面、详细的安全评估，才能确认组件是否存在不安全的行为及漏洞。

　　组件的选择过程应侧重于降低安全假设与安全要求之间的冲突，包括提供商和集成商之间的假设冲突，以及组件使用方式和环境的冲突。

　　如果没有源代码和/或组件的详细技术文档，将无法确定提供商提供的组件安全性。因此，源代码和文档的可用性应是选择关键功能组件的重要原则。

　　开发者不应假设黑盒组件对外部组件（如执行环境组件）的调用总会成功。相反，开发者应使用诸如黑盒调试技术来观察组件与外部组件传输的数据，并检查调用的返回值。这将使开发者能够找出威胁软件安全运行的外部组件缺陷。

5.3.1　组件的安全评估步骤

　　组件的安全评估应包括以下步骤。

　　（1）组件的可用性：确定 COTS 或 OSS 组件的可用性。

　　（2）安全假设：为每个组件建立安全假设；进行组件安全评估时，将这些假设与实际结果进行比较，确定组件在系统中的角色。

　　（3）接口定义：建立组件接口要求（如 RPC、API）及接口安全保护要求；将组件的接口与这些接口安全要求进行比较。

　　（4）集成架构：定义和实现（或获取）组件体系架构，用于对候选组件进行集成测试，确认其是否满足预期的要求。

　　（5）设计权衡方法：定义一套方法，以适应不同组件的要求，并对这些要求进行折中处理，以适应安全使用的需求。

　　（6）收集评估证据：尽可能收集各种类型和各种来源的证据，以确保获得足够的信息支持对组件进行安全评估。在这些评估证据中，直接证据优于间接证据；但如果直接证据不足以解决所有问题，特别是对于没有源代码或技术文档的 COTS，则间接证据有助于进行辅助分析。

直接证据包括源代码和详细设计文档，利用直接证据可以直接对软件进行安全性分析。直接证据的安全性分析会受到资源和时间的限制；代码越复杂，尝试对代码库或详细文档进行分析的可能性越小。但无论如何，分析应涵盖软件的关键功能和外部接口。

间接证据包括以下内容。

- 软件开发者、"黑帽"和"白帽"网站、新闻等提供的信息；
- 漏洞扫描结果；
- 高层的技术文档（需求文档、体系结构、预测试结果）及组件中使用的标准和技术文档；
- 安全事件报告或漏洞报告；
- 公开的评论、案例研究、经验教训等：组件在其他机构的软件/应用程序中使用的记录，这些软件/应用程序在何种环境条件和风险下运行；
- 可靠的谱系和源头信息。

（7）组件的组合：按照组合框架，对候选组件进行组合测试，以确定以下几点。

- 哪些组件在对其他组件、环境和人员的输入进行响应时，表现出预期的行为和状态变化；
- 哪些组件会输出与预期一致的数据；
- 哪些组件容易进入不安全的状态。

（8）架构调整：系统架构安全也应根据组件评估和选择的结果进行调整。以某种方式进行组件集成仍然可能存在残留风险，这些风险必须通过附加安全约束、过滤器、隔离机制等进一步进行缓解。

5.3.2　组件相关问题

作为组件评估的一部分，应考虑以下问题。

（1）组件的"可知"和"可修改"程度如何。

（2）组件的开发者是否遵守了安全设计原则，是否遵循了安全编码实践和标准。

（3）如果组件为"黑盒"式组件，则应考虑：

● 它是否可配置，是否可以关闭不需要的功能，是否可以分离不使用的接口；

● 它是否采用混淆或其他方式阻止逆向工程，如果组件执行关键功能，则可能需要对代码进行审查。

（4）如果组件存在漏洞暴露，则应考虑：

● 是否有替代组件提供相同的功能，如果有，那么需要对替代组件进行安全评估；

● 从长远来看，对组件进行定制开发的成本是否会更低。

为确定这一点，需要对定制开发的成本与安全措施进行比较分析，而且新版本可能与旧版本存在不相容的风险，因此需要进一步的应对措施。通常情况下，对于关键功能和简单功能，定制可能更具成本效益。

5.4　组件的集成

在进行组件集成时需要考虑以下因素。

（1）对组件进行裁剪以满足其在系统中的角色需求。作为系统的一部分，应收集用于缓解组件风险的安全措施（如输入验证、隔离执行等）。

（2）对于使用过滤器、虚拟机隔离等措施无法解决的安全漏洞和非安全行为，对组件（尤其是 OSS）进行修改。

（3）对"glue 代码"、过滤器等进行设计、编码和测试。

除过滤和约束外，解决组件漏洞和非安全行为的另一个策略是软件动态翻译，这是一种通过在软件运行时对代码进行重写来检测程序的工具。最初目的是减少软件执行时间，动态翻译被越来越多地用于向软件添加安全策略，防止代码和命令注入，补偿现有软件的安全缺陷。

实际的集成过程需要与其他组件一起进行。只有系统的所有组件都建立起来，才能安全地组合使用，系统的安全要求才能得到充分验证。

5.5　基于组件的安全维护

在软件集成中应持续进行分析，以确保其安全性，并且在组件修补、更新和替换时，应确保新组件仍能满足这些要求。

软件维护包括对软件进行评估，以确定可以采用哪些补丁。应用补丁也可能需要修改 wrapper 和过滤器以适应新的接口。升级可能还需要重新进行某种级别的集成和测试，以确保升级后软件仍能满足安全约束。

随着时间的推移，供应商在安全和质量方面的合同义务也必须明确。应支付许可证或维护费以确保所有更新、升级得到有效维护。

开发者/维护者应预见系统需求的持续变化，以及为定制开发的组件开发修复包和安全补丁，解决组件替换和升级后可能出现的新漏洞问题。

第6章 安全编码

软件开发中，编码阶段是将软件设计的结果转换成计算机可运行程序代码的过程，编码直接决定软件的质量。统计数据显示，编码缺陷是导致软件漏洞的最主要原因之一。因此，开发人员需要了解安全编码相关知识。

安全编码至少包含 3 个方面的意义：首先需要保证软件的可靠性，即软件能够按照预期的功能运行；其次要保证软件的安全性，减少软件漏洞的数量，特别是要避免高危级别的漏洞，保证软件不易受到攻击；最后是要保证软件的可生存性（弹性），即使软件受到攻击仍然可以执行正常的功能。

6.1 安全编码原则和实践

软件的安全性决定了软件的生命力和影响力，而构建安全软件的最佳途径是在程序分析、开发、测试阶段考虑安全需求。开发团队应清楚安全编码的基本原则，这是实现软件安全性的基础。针对软件安全编码，国际国内很多组织、机构、公司和信息安全专家提出了各自的编码原则。常见的安全编码原则包括以下内容。

6.1.1 保持代码简洁性

要尽量使程序短小精悍，代码中的每个函数均应具有明确的功能，在编写函数代码时，应在保持功能完整的前提下控制代码量。因为复杂的编码更容易增加代码中的错误。程序越复杂，需要的控制就越复杂。代码量越小，越容易验证软件的安全性。程序员应尽可能使用少的代码来实现软件功能。同时，软件不应包含不必要的功能。通过减少实现这些功能的源代码，可以显著减少关键功能代码中的缺陷数量。

采用结构化编程，避免歧义和隐藏假设，避免递归和模糊控制流程（GoTo语句），是实现代码简洁性、减少代码量的有效方法。对于大型软件，应分析其需要实现的复杂功能，并将其分成多个小的、简单的功能，由这些小功能模块实施。这将使软件更容易被理解，也更容易验证单个组件和整个软件的安全性与正确性。

所有的处理函数应只有一个入口点和尽可能少的出口点。应尽可能减少模块之间的依赖性，以便在不需要时可以禁用任何模块，或者在发现不安全或更好的替代方案时进行模块替换，而不影响软件的整体功能和安全性。

对象继承、封装和多态技术可以简化代码实现。

6.1.2　遵循安全的编码指南

制定统一、符合标准的编写规范，能够有效提高代码的可读性、易维护性，提高软件的运行效率。安全专家发现，很多漏洞可以通过使用规范的编码来避免，比如规范代码的缩进显示，可以有效避免出现遗漏错误分支处理的情况。

安全编码指南规定了安全编码的架构和实践，并指出了常见的编码缺陷。安全编码指南应涵盖用软件实现中使用的所有语言、编码时允许和不允许的行为。编码指南可以自定义，也可以使用现有的标准和规则。例如，CMU软件工程研究所发布了针对C和C++的安全编码标准；此外，还有一些针对Java、Perl等的高级语言的安全编码指南。

一些安全组织和企业也发布了一些编码标准和规范，如CERT发布的有关C、C++、Java等语言的著名安全编码标准，OWASP也发布了《OWASP安全编码规范快速参考指南》。同时，一些企业和安全专家撰写的一些安全编码书籍，可以为安全编码提供参考。

6.1.3 使用一致的编码风格

清晰易懂的编码风格将使代码的安全分析变得更加简单，这对于实现关键功能的软件尤其重要。因此，无论有多少人参与了代码编写，都应保持一致的编码风格。

编码风格规定了代码的缩进、行间距等要求，并且应考虑代码评审者和维护者的可理解性。

6.1.4 保证代码的可追溯性、可重用性和可维护性

编写代码时，应使其既可以向后追溯，又可以向前追溯。保证能够从功能规范、详细设计追溯至其实现代码。同时，也应能够从代码推导出其对应的功能。

保持代码的简洁性、可理解性和可追溯性，也有助于实现代码的可重用性和可维护性。开发团队应该编写一个清晰、易懂、全面的代码规范来指导开发人员进行代码编写。

开发者不应假定其代码是不言自明的。注释和配套文档（包括评论和测试结果）将帮助其他开发人员和维护人员准确和完整地理解代码，以便在重用或修改代码时不会引入漏洞。

6.1.5 资源分配

应尽量减少每个进程可用的资源。例如，对于将在 UNIX 上运行的软件，使用 ulimit()、getrlimit()、setrlimit()、getrusage()、sysconf()、quota()、quotactl() 和 quotaon() 来限制特定进程失败时可能造成的损害，并防止软件遭受 DoS 攻击。

如果软件是 Web 应用程序或 Web 服务，应设置单独的进程来处理每个会话，并限制进程中每个会话允许使用的中央处理单元（CPU）时间，以防止攻击者的请求超出其会话的任务。

缓冲区的内存位置不应与可执行程序堆栈/堆相邻。尽可能将堆栈设置为不可执行状态。

6.1.6　尽量清除状态信息

当分配给一些变量的内存缓冲区对象不可达时，将会发生内存泄漏。同时，如果程序编写得不好，或者工作线程没有得到优化，也会发生内存泄漏。因此，内存应被严格管理，一旦工作线程终止，所分配的内存资源必须被释放并回收重用。内存回收既可以通过自动化方式，也可以通过人工方式，但人工方式不仅可能会导致软件优化的问题，还会增加软件被利用的可能性，因此建议通过垃圾收集的计算机程序来实现自动化回收。

除内存外，软件还应频繁地清除写入磁盘的临时文件，仅保留最低限度的状态信息，以最大限度地减少不必要的信息泄露。

6.1.7　避免未经授权的特权升级

程序员不应编写使进程能够执行有意或无意的特权升级的逻辑代码。具有高特权的进程不应对不可信用户可见；如果不可信用户能够看到高特权的进程，则其可以利用它来提升自己的特权。

6.1.8　使用一致的命名规则

软件出现安全缺陷的一个重要原因是开发者使用了别名、指针、链接、缓存时，未重新进行链接。为了减小这种可能性，开发者应：

- 保持别名的唯一性，并且确保指向同一个资源；
- 使用动态链接时应避免执行组件引入导致的不可预知的行为。

例如，Java 可扩展的 Web 浏览器依靠静态类型进行链接检查，以执行一类重要的安全属性——可通过动态链接泄露的属性。目前已经提出了几种解决动态链接的方法，包括基于运行时和编译时的类型分析和程序分析，确保动态链接代码的类型安全，识别代码的调用上下文，确保只有在该上下文中所需的名称被链接。

在编码过程中，应：

- 尽量避免使用全局变量：当需要定义变量时，应给其赋予全局唯一名称；
- 经常清除缓存；
- 将变量限制在最小范围内：如果变量仅用于单个函数中，应仅在该函数中声明、分配和清除该变量；
- 当不需要时应立即释放对象：如果稍后需要它们，可以重新分配对象，可以使用 C ++ 中的 RAII（资源获取初始化）等语言来自动执行此要求。

6.1.9 谨慎使用封装

不正确的封装可能会泄露敏感信息或遭受外部干扰，从而暴露软件内部执行过程。可通过以下组合实现正确的封装。

- 有效的系统架构；
- 有效的编程语言设计；
- 有效的软件工程；
- 静态检查；
- 动态检查；
- 有效的错误处理，并向用户发送不含敏感信息的错误消息，同时记录完整的错误信息。

6.1.10 权衡攻击模式

应使用攻击模式来识别特定的编码缺陷，并确保代码中不存在这些缺陷，包括：

（1）确定适用的攻击模式。即针对给定的软件结构、执行环境和技术，确定可用的攻击模式。例如，缓冲区溢出攻击模式与原生 Linux 上运行的 C 或 C++ 程序相关，但与在.NET 上运行的 C # 程序不相关。

（2）根据需要避免的攻击模式，确定哪些结构不应出现在代码中。

以下示例说明程序员如何利用攻击模式。

攻击模式：简单脚本注入。

用于：避免跨站点脚本漏洞。

该模式可能针对的代码区域：来自不可信数据源发送给用户的输出缓存区域。

如何保护代码免受这种攻击模式的影响：如果没有控制措施（即基于架构决定在服务器和客户端之间的接合处包含一个输入验证器/输出过滤器），应执行如下工作。

（1）将具有潜在危险的字符转换为与 HTML 等效的字符，以防止客户端显示可能包含恶意数据的不可信输入。有第三方 Java 库可自动执行此类转换，JavaScript 的 escape()函数也可执行类似的转换。请注意，需要谨慎管理此类转换，以避免可能因日常字符串替换单个字符而导致潜在的缓冲区溢出漏洞。

（2）实现一个输入验证过滤器，通过字符白名单过滤输入。

6.1.11 输入验证

攻击者通常通过软件的输入模块发起注入攻击，他们可以采用 C 语言中的格式字符串，或采用 Web 脚本语言中的跨站点脚本实施攻击。因此，开发者在开发程序时，必须对外部的数据源抱着怀疑和不信任的态度，对软件的输入（包括命令行参数、网络接口、环境变量、用户控制的文件等）进行验证，确保其符合软件的期望，同时安全地处理无效输入，这些对软件的安全非常重要。

事实上，大部分攻击都是通过精心设计的输入开始的，如果软件不能正确处理这些输入，就有可能运行到"攻击者指定的代码"中，而输入验证则可以清除很多软件漏洞。

1. 输入内容验证

输入内容验证是一个证明输入数据的准确性并符合预期规范的过程，从通用的白名单和黑名单列表到具体的业务定义模式，输入验证应确保：

- 必须以最低限度验证输入数据的类型、范围、长度和格式；
- 输入数据必须属于期望的范围，并且处于被允许的值阈范围内；
- 不会被编译为注入攻击代码；
- 不会被替换为非标准格式绕过安全验证机制。

2. 验证方法

对来自不可信进程的输入都应进行验证，以确保其不包含任何可能破坏软件或触发安全漏洞的问题。输入格式验证是防止缓冲区溢出的最有效方法。尤其应检查使用 C 或 C++语言编写的程序，确保它们包含正确的输入验证程序。

输入验证应确认：

（1）接收到的输入与该输入指定的参数一致。这些参数包括：

- 长度;
- 范围;
- 格式;
- 类型。

（2）任何结构类型的输入中未明确允许的内容。这样的结构包括：

- 查询字符串;
- Cookies;
- 文件路径;
- URL 路径。

应检查每个输入元素的长度（即边界检查），并将可接受的长度限制为尽可能短的值。

除非能确保输入数据绝对可信，否则每个模块都应进行独立的输入验证。在许多情况下，应用程序框架或集成开发环境为输入验证提供了可重用的代码示例，如 ASP.NET Validator Controls 和 JavaScript 过滤。

白名单机制是输入验证的首选方法。白名单机制仅允许输入中包含符合定义的输入，并拒绝所有不符合定义的输入。白名单验证方法能有效防范未知攻击。相反，黑名单接收所有未明确标识为"不良"的输入。虽然黑名单机制对防止未知攻击作用有限，但它可以在白名单过滤之前清除一些不良的输入。黑名单机制还可以用于过滤与零日漏洞相关的攻击。理想情况下，白名单和黑名单应结合使用。

一旦检测到错误的输入，就应对其及时处理。最好的办法是拒绝错误的输入，而不是试图对其进行"净化"处理。输入数据"净化"是对用户提供的数据进行处理之前将其进行转换的过程。如果必须对输入进行"净化"处理，应重新提交所有已清理的数据并进行白名单验证，以确保"净化"功能的有效性。

可以通过以下几种方法实现。

（1）剥离（Stripping）：从用户输入数据中将有害的字符清除，例如，攻击者在输入表单域中输入以下文本：

```
<script>alert('XSS probe test');</script>
```

通过清除可能的有害字符，如<、>、(、)、;、/，攻击者的输入数据将变为 scriptalertXSS probe test，它是不可执行的。

（2）替代（Substitution）：将用户提供的输入数据用安全的可替换表达式替代，例如，攻击者在输入表单域中输入'Or 1=1-。

将单引号（'）用一个双引号（"）代替，攻击者输入数据结尾将变成"Or 1=1-，这一表达式会引起 SQL 语法错误，实现禁止恶意代码执行的目的。

（3）文本化（Literalization）：将用户输入数据用文字格式进行转化处理。例如，将 Web 应用的输入数据转换为内部纯文本格式来替代 HTML 格式，这意味着将用户输入信息作为文字来处理，将输入的任何数据都转换为非执行代码。

1）初步的客户端验证

作为安全防范的第一道防线，在输入转发到服务器之前，使用客户端对输入进行初步验证将会大大提高工作效率（例如，以 JavaScript 实现的浏览器插件），之后，在服务器端再对输入进行更为严格的验证。

客户端的验证可以帮助减少带宽和服务器 CPU 周期的需求，因为只有较少的不可接收数据会从客户端转发到服务器，并且多数的客户端源数据将是有效的，因此不需要服务器进行"净化"。

2）XML 模式和输入验证

对 Web 服务进行输入验证的基本原理与其他软件没有区别。第一道防线应该是执行 XML 模式验证，以确保 XML 消息的格式，并满足数据的准确性、完整性和有效性。使用 XML Schema Design（XSD）进行验证能够防止参数篡改。XSD 还允许使用正则表达式来定义对输入的限制。例如，XSD 中的以下正则表达式将速度字段限制在 0~9 之间，长度为 3 位。

```
...
<xs:simpleType name="speed">
<xs:restriction base="xs:string">
<xs:pattern value="[0-9]{3}" />
</xs:restriction>
</xs:simpleType>
...
```

尽管输入验证可以阻止大量的 Web 攻击，但仍然存在特定的 XML 漏洞，这些漏洞可能无法通过 XSD 验证程序捕获。大多数情况下，这些攻击旨在重载解析器。在使用 Java 编写代码时，通过使用 XML 简单 API（SAX）的安全处理功能 XMLConstants.FEATURE_SECURE_PROCESSING，可以防止此类攻击，并能够最大限度地减少缓冲区溢出和拒绝服务攻击。安全的 SAX 处理会导致过长的结构被标记为格式错误，无论过长的结构是由于元素中包含太多属性，还是元素名称中包含太多字符。获取 SAX 解析器的实例后，将其配置为使用安全方式处理。

3. 测试输入验证代码

输入验证代码的测试主要用于验证输入验证模块的正确性。测试场景应包括提交有效和无效的数据，测试者应查找误报和漏报。如果客户端验证主要实现第一层过滤器，那么它应该在使用、不使用 JavaScript 的情况下进行测试。最后，测试者还应该在关闭服务器端和客户端输入验证的情况下运行应用程序，以检查无效数据如何影响其他应用程序，以发现潜在的安全风险。在集中输入验证架构中，这种方法还能够帮助确认系统中其他位置是否需要额外的验证。

6.1.12 输出过滤和"净化"

在输出数据到外部实体时，应对输出进行过滤，以确保其符合参数要求，并且不包含不允许输出的内容。所谓"净化"，是指检查在程序组件中要传递的数据，尤其是将恶意数据和不必要的数据清除干净。比如，在利用用户输入的数据来组织 SQL 数据库操作语句时，应当检查和清除用户数据中可能存在的恶意字符，以防止攻击者使用 SQL 注入命令来攻击系统。

与输入数据"净化"技术中的替代技术很相似，输出数据"净化"常常在将输出数据结果正式提交给客户端显示之前通过对数据进行编码来实现，包括对输出数据格式进行编码转换，使得恶意脚本被过滤掉。Web 应用中两种最重要的编码方法包括：

- HTML 实体编码：在 HTML 实体编码中，元字符和 HTML 标签被编码为（或替代为）相应的字符引用等价物。例如，在 HTML 实体代码中，字符'<'被编码为相应的 HTML 等价物'<'，而'>'被编码为'>'。
- URL 编码：在 URL 编码中，针对那些传输数据中作为 HTTP 查询的部分参数和值进行编码，在 URL 中不允许的字符也可以用 Unicode 字符进行编码。例如，字符'<'被编码为'%3C'，而'>'被编码为'%3E'。

6.1.13 避免安全冲突

越来越多的应用程序依赖其他编程语言编写的代码。例如，Java 应用程序可能依赖 C 代码直接与硬件进行通信，或者 AJAX（异步 Java 和 XML）应用程序可能会将动态生成的 JavaScript 提供给 Web 浏览器。在这两种情况下，理解其安全影响非常重要。

在 Java 中，攻击者可能能够对原生代码执行缓冲区溢出攻击。在动态代码中，动态生成的代码可能不符合应用程序的期望。在 AJAX 例子中，动态生成的代码可能是在原始应用程序之后开发的，对应用程序的环境和状态做出了不同的假设，从而可能导致无效的 AJAX 输入。因此，在实践中，应用程序应将原生（native）代码和动态代码视为不可信代码，并对其进行验证。

6.1.14　代码审查

代码审查也称代码分析，其主要目标是发现安全缺陷并确定其潜在的修补方法。测试报告应该提供关于软件缺陷的详细信息，以便开发者能够根据缺陷对系统造成的风险级别，对软件的缺陷进行分类和优先级排序。开发者应该在编写代码时对代码进行审查，以便在将这些单元/模块输入配置管理系统前，查找其中的缺陷。在提交这些单元/模块进行编译和链接之前，开发者还应该查找单元/模块之间接口的缺陷。

在编译之前，必须根据需要"清理"所有生产数据，以删除可能在运行过程中被忽略的任何调试"钩子"、开发者"后门"、敏感注释等部署阶段被忽视的问题（请注意，随着安全开发实践的深入发展，这些项不会被引入代码中）。

源代码分析和白盒测试应尽可能早地开展，并尽可能覆盖软件整个生命周期。最有效的白盒测试是在粒度较小的代码单元（单个模块或功能处理单元）上执行，在将代码单元添加到较大的代码库之前，可以快速地对代码单元进行修正。迭代审查和测试可确保在整个系统代码审查之前处理较小单元中的缺陷，然后系统代码审查可以集中处理代码单元之间的"接缝"，它们代表代码单元之间的关系。

代码审查的方式可以是手动、自动或半自动的。在手动静态分析中，审查者在没有自动工具帮助的情况下检查所有代码。手动代码审查是一项高度的劳动密集型工作，如果审查人员具备足够的经验，则他们能够在审查中产生最完整、最准确的结果。但审查过程中容易出现疲劳，通常开始时会仔细地检查每一行代码，但后期会逐渐跳过越来越多的代码，造成在审查结束时，"代码覆盖率"的不一致和递减量不足，无法确定软件的真实特性。值得注意的是，随着代码库规模的增加，执行完整的手动审查变得不太可行。在这种情况下，执行半自动审查是可行的，手动审查通常在代码库的关键子集上执行。

完全自动化的代码审查依赖工具来执行整个代码检查。任何代码，不管是源代码、字节码还是目标代码，都可以被分析。用于静态源代码分析的工具一般称为源代码分析器，用于静态分析中间字节码的工具称为字节码扫描器，而用于静态分析目标代码的工具称为二进制代码分析器或二进制代码扫描器。

审查者的工作仅限于运行该工具并解释工具输出的结果。尽管自动化工具可以在短时间内扫描非常大的代码库，但其结果范围仅限于要扫描的模式列表（如常见的不安全编码结构）。自动化代码审查工具无法智能到能够检测到手动审查时发现的异常，而通常这些异常没有包含在工具预先编程的模式列表中。这些工具也不能识别代码的不同部分之间的"接缝"/关系中的漏洞（尽管存在可识别这种关系的工具），或者由非连续代码段之间的交互产生的漏洞。但是自动化工具也有自身的优势，即允许开发者在开发过程中运行扫描，以便能够在开发过程的早期发现潜在的安全漏洞。同样，自动审查所需的专业知识水平可能低于人工审查所需的专业水平。在很多情况下，自动化工具将提供有关所发现漏洞的详细信息，包括缓解建议。

半自动化代码审查涉及审查人员利用自动化工具协助对代码进行手动检查。工具用于定位包含已知问题的部分代码，作为审查者进一步分析的"跳出点"。通过这种方式，审查人员可以被"引导"至代码中的问题区域。

无论是手动、自动还是半自动，简单的静态分析都需要搜索字符串，识别用户输入向量，通过应用程序跟踪数据流，映射执行路径等。

更彻底的分析需要检查源代码的结构，以分析软件的预期行为、数据流、函数调用及循环和分支。

代码审查过程中需要查找的其他内容包括：

- 后门和隐式、显式调试命令（隐式调试命令是添加到源代码中的看似无害的代码，以便开发者在测试时更容易改变软件的状态；如果这些命令留在软件的注释行中，则在软件编译和部署后可能会被利用）。
- 未使用的调用，在系统执行期间不执行任何操作，如调用环境级或中间件级进程，或者预期不会出现在目标环境中的库路径。

要想获得期望的高水平的软件安全保障，仅仅采用静态代码分析是比较困难的，因为大多数静态代码分析工具的正误判率和负误判率都比较高。这些工具可以用于辅助安全分析，使安全分析人员可以集中精力对安全问题较为严重的代码段进行深入的检查和分析，更有效地解决各种安全问题。

动态代码分析是指对正在运行的代码（或程序）进行检查。静态代码分析结果显示编译结果没有任何错误，并不意味着它能够没有任何错误地运行。动态代码分析可用于确保代码正常可靠地运行，不容易出错或者被利用。

为了正确地进行动态代码分析，需要一个仿真的环境来镜像产品环境，实现程序的真实部署，因而分析效果比静态代码要好。动态代码分析工具又称动态代码分析器，可以在程序与其他程序或操作系统进行交互时，确定该程序的运行轨迹。

6.1.15　最少反馈及检查返回

1. 最少反馈

最少反馈是指在进行程序内部处理时，尽量将最少的信息反馈到运行界面，避免给不可信用户过多的状态信息，防止其据此猜测软件的处理过程。最少反馈可以用在正常执行的流程中，也可以用在发生错误执行的流程中。典型的例子如用户名和口令认证程序，不管是用户名输入错误还是口令输入错误，软件都只反馈统一的"用户名/口令错误"，而不是分别告知"用户名错误"或"口令错误"，这样可以避免攻击者输入正确的用户名或口令来猜测未知口令或用户名。当然，软件的日志可以记录较为详细的运行信息，这些信息应只允许有权限的人员查看。

2. 检查返回

当调用的组件函数返回时，应对返回值进行检查，确保所调用的函数"正确"处理，结果"正确"返回。这里的"正确"是指被调用的组件函数按照规定的流程和路径运行完成，其中包括成功的执行路径，也可能包括错误的处理路径。当组件函数调用成功时应当检查返回值，确保组件按照期望处理，并且返回结果符合预期，如执行 read(2) 时所读取的字节数可能少于所请求的字节数；当组件函数调用错误时应当检查返回值和错误码，以得到更多的错误信息。

6.1.16　会话管理及配置参数管理

1. 会话管理

当用户通过认证并被授权访问系统资源时，并不意味着认证会话建立之后就可以完全信任该会话，因为会话可以被劫持。会话劫持攻击意味着攻击者会假冒有效用户的身份，将自己插入会话中间。这样一来，信息将从一端用户发出，通过攻击者路由到系统，然后再从系统路由到另一端用户，这会导致信息泄露（保密性威胁）、篡改（完整性威胁）或者拒绝服务攻击（可用性威胁）。会话劫持攻击的另一个名字叫作中间人攻击（MITM）。

为解决中间人攻击问题，要求会话应该具有唯一的会话令牌，并对用户活动进行跟踪。如果有人企图劫持一个有效会话，就能够被及时发现并制止。

2. 配置参数管理

软件是由代码和参数两部分组成的，为了保证软件能够正常运行，需要对这些参数进行管理，包括软件启动时内存初始化需要的变量、指向后台数据库的链接字符串或者用于加密计算的加密密钥等。这些配置参数是软件必需的组成部分，像软件代码一样，也应被视为信息资产，需要进行适当的配置和保护。在软件安全环境下，配置参数管理意味着组成软件的配置参数需要被管理和保护，避免被攻击者利用。

6.1.17   安全启动

由于在启动过程中，产品功能尚未完全运行，因此可能不能有效抵御攻击。在该状态下，安全措施可能被忽略从而被攻击者利用。因此，在进行软件设计和实现时，要认识到在软件真正开始执行之前，如果没有足够的安全保护措施来保护软件的完整性，则仍然无法实现真正意义上的软件安全。软件启动变量的设置是软件执行过程最重要的一步，因此保证软件启动过程本身的安全性也是完全有必要的。通常在软件启动阶段的指令引导过程中，实现环境变量和配置参数的初始化过程，这些变量和参数需要被保护以抵御信息泄露、篡改或破坏等威胁；软件安全启动还可以防止和缓解边信道攻击，如冷启动攻击。

6.1.18   并发控制

在多任务操作系统中，一个重要的攻击形式是 TOC/TOU 攻击，分别代表 Time-Of-Check 和 Time-Of-Use，这是利用系统处理请求和执行任务的时间/事件序列而进行的一种异步竞争条件攻击。攻击者将自己插入执行任务之间，通过修改或篡改任务的时间/事件序列从而导致竞争条件攻击。一些常用的预防竞争条件或 TOC/TOU 攻击保护方法主要包括：避免竞争窗口和操作的原子性。

1. 避免竞争窗口

进程是软件在计算机上的一次执行活动，运行一个程序就相当于启动了一个进程。线程是进程的一个实体，是被系统独立调度和分派的基本单位，同一进程中可以有多个线程。线程只拥有运行时必不可少的资源（如程序计数器、一组寄存器和栈），但是它可与同属一个进程的其他线程共享进程所拥有的全部资源。一个线程可以创建和撤销另一个线程，同一进程中的多个线程之间可以并发执行。

竞争窗口被定义为当两个并发线程互相竞争，都企图改变相同对象时的机会窗口。避免竞争窗口的第一步是识别竞争窗口，不正确的程序代码段想要独占资源，不受控制地访问目标对象就会导致竞争窗口。在识别竞争窗口的基础上，更重要的是要在代码或逻辑设计中修改它们，以减少竞争条件的发生。

当多个进程或者线程读/写数据时，数据的处理结果依赖多个进程的指令实际执行顺序，如果代码编写不当，则有可能造成每次运行程序得到不同的结果，甚至每次运行结果都不正确。假设有两个进程 P1 和 P2 共享了变量 a。按照代码逻辑，在某一时刻，P1 更新 a 为 1，在另一时刻，P2 更新 a 为 2。这里，进程 P1 和 P2 就是竞争地写变量 a，而变量 a 的最终值取决于这两个进程的执行先后顺序，是不固定的。

解决这个问题的方式就是在一个线程操作时，其余的线程不能同时操作这个共享资源（在这个例子中，就是账户余额），包括读取也不行。通用的做法就是给共享资源加锁，并且这把锁只有一把钥匙，线程 1 操作时，线程 2 没有钥匙，不能操作共享资源。

2. 操作的原子性

原子性意味着整个过程要使用单一的控制流来完成，不允许针对同一个操作对象的并发线程或多控制流操作。单一线程操作方法能够确保操作是顺序进行而不是并发进行的，然而，这种设计以牺牲性能作为代价，必须仔细权衡安全和性能的优势。

6.2　异常处理

软件在实际运行过程中会碰到各种情况，每次运行时操作系统内存和系统资源分配不同，用户输入也存在差异，同时运行环境中的其他进程也不尽相同。

在面临这些不同情况时，软件可能会因为某个条件不满足而中断正常处理流程，从而产生异常现象。软件应当提供异常处理代码，能够检测出各种异常，并进行处理，确保软件总能"正确"地运行。

未考虑异常处理的软件可能会在异常发生时停止运行，严重时甚至可能引发安全问题。软件的异常处理是软件编码中经常碰到的问题，不安全的异常处理轻则造成信息泄露，重则可以造成系统宕机、数据丢失。

因此，当软件出现异常时，应能够以降低性能或提供更少的服务的方式运行，当达到既定阈值后，软件应能够有序、安全地终止执行。同时，软件不应抛出允许其崩溃的异常，或者在出现异常或失败后暴露其缓存、临时文件和其他数据。

软件的异常处理模块应记录何时及为何会抛出异常。异常处理模块还应写入消息代码，当需要人工干预时，消息代码将自动向系统管理员发送邮件告警。表 6-1 列出了几种常见的软件异常，并提供了处理建议。

表 6-1　软件异常和处理建议

软件异常	处理建议
软件收到的输入包含异常内容	实施：验证所有输入
被调用函数返回的结果中存在错误	设计：采用弹性设计。 实施：预测所有可能的错误和异常，并实施错误和异常处理，以明确地解决这些错误和异常
软件存在未检测到的或未预期进行缓解的漏洞	设计：在设计时，采用隔离技术，将不可信的、可疑的组件进行隔离，限制其传播，并从损害中恢复。 实施：减少不受信任和易受攻击组件暴露于外部来源的攻击模式，如使用包装器、输入过滤器等

6.2.1　异常识别及事件监视器

1. 异常识别

在大多数分布式软件系统中，组件之间会保持高频度的交互。因此，在特定的组件中，如果组件长时间不活跃，或未遵循协议发送消息，都应被解释为行为异常。

软件也应能够识别可能出现 DoS 攻击的异常。尽早发现与 DoS 相关的异常，可以在遭到 DoS 攻击时进行防御，例如，采用安全降级、自动故障切换等技术。

2. 事件监视器

通常监视器用来分析和识别软件异常，并在错误数据传播到其他组件之前，启用隔离和诊断。程序自检的次数通常受到时间和内存的限制，但至少应该检查所有关键点的安全状态。

事件监视器的检查应是非侵入式的，即不应该破坏被检查的过程或数据。另外，开发者在编写程序时应尽量避免包含可被利用的漏洞。

6.2.2　异常和失败处理

在软件运行过程中，错误或例外是不可避免的。错误可能是用户疏忽或软件故障的结果，而例外是当软件以非预期或不可靠的方式运行时发生的异常事件，并且该异常事件没有指定明确处理的措施。例如，用户在登录系统时错误输入 ID 值，如果软件希望用户输入的值是数字格式，而用户输入的是字母符号格式，那么就会导致数据类型转换异常，进而可能泄露整个堆栈的信息。而且这不仅导致信息泄露，也可能会暴露软件的内部结构细节甚至具体的数据值。

软件的整体健壮性取决于代码或编程语言中安全处理程序的可靠性。因此，所有的例外都必须明确处理，最好采用统一的方法来处理，以防止敏感信息泄露。如果程序语言允许使用 try-catch-finally 结构，那么必须要有一个可以获取所有例外的模块单元。另外，在编译和链接过程中，一个重要的例外管理方法是在系统中使用安全例外处理 SAFESEH 标识（Safe Security Exception Handler）。当 SAFESEH 标识被设置后，链接器会产生一个可执行的安全例外事件处理清单，这个清单主要用于验证与操作系统安全性（或有效性）相关的例外事件，该清单信息将被写到可执行程序中。当例外事件被抛出时，操作系统将会比对可执行程序中的安全例外处理清单，来检查该例外事件处理程序，如果不匹配，操作系统将会终止该进程。

在程序执行期间，错误或者难以意料的事件不可避免地会发生。这些事情的发生或者是因为程序故障，或者是由于不可预料的外部环境。异常可以是系统电源失效、企图访问不存在的数据，或者是数值上溢或下溢。

异常可能是由硬件或软件错误导致的。当异常发生时，必须由系统来处理。这一点可以由程序本身完成，或者在系统中包含一个对系统异常处理的转换控制机制。一般来说，系统的异常管理机制会报告错误并关闭执行。因此，为保证程序异常没有引起系统失效，应该为所有可能发生的异常定义一个异常处理程序，并保证所有的异常能被探测出来且得到明确的处理。

异常处理程序通常做以下 3 件事情。

（1）向更高层发送信号，报告一个异常已经发生，并提供异常类型的信息。当一个组件调用另一个组件的时候使用这个方法，发出信号的组件必须知道被调用的组件是不是成功执行了。如果没有，要由调用组件采取动作来从这个问题中恢复。

（2）实现一些代替措施来替换原始处理方式。这样异常处理程序要采取一些措施来从问题中恢复。处理过程能如平常一样继续，或者异常处理程序能指示一个异常已经发生，以对调用组件进行提醒。

（3）在程序中处理异常使得检测和恢复一些输入错误，以及未预料到的外部事件成为可能。从某种意义上讲，它提供了一种容错层次——程序探测到故障并且能够采取动作进行恢复。因为大多数的输入错误和未预料的外部事件通常都是瞬态的，所以往往在异常得以处理之后可以继续正常运行。

6.2.3　核心转储

核心转储只能在测试过程中用作诊断工具。程序应采用可配置方式进行部署，以便在操作失败时生成核心转储文件。当程序失败时，程序的异常处理程序应该在程序退出之前记录相应的问题。另外，如果可能，应将核心文件的大小配置为 0（例如，在 UNIX 中使用 setrlimit 或 ulimit），以进一步阻止创建核心文件。

6.3　安全存储和缓存管理

当今大部分的软件都是通过使用永久内存来实现性能最大化的。持久内存的问题在于，数据保留在内存中的时间越长，如果由于故障导致内存核心转储或以其他方式直接访问，而这些内存不受操作系统级文件系统或数据库应用程序（数据库管理系统）的访问控制保护，则数据被泄露的可能性就会越大。

例如，在 Java 平台企业版（Java EE）服务器上使用实体 Bean 时，可以使用容器级别的持久性或 Bean 级别的持久性将数据存储在服务器上。在任何一种情况下，处理和缓存数据的程序都需要提供安全的缓存管理功能，以容纳程序执行多任务时的所有进程（例如，接收和处理请求、管理会话、从数据库读取数据或文件系统）。开发者可以强制使用 Enterprise Java Beans 的程序在每次事务之后将数据写入永久性非易失性存储器，而不是使数据在内存中持久化。此时需要在性能（数据库访问更少=性能更好）与安全性（内存持久性更少=攻击者访问未受文件系统或数据库访问控制保护的敏感数据的机会更少）之间进行折中。在多用户程序中，安全管理持久缓存所需的开销量也受访问该程序用户数量的影响：缓存的数据越多，其他进程可用的内存就越少。

如果编写一个持久内存的程序，开发者应确保数据持久驻留的时间是可配置的，这样可以频繁地清除它。理想情况下，该程序还将提供一个命令，允许管理员或用户清除内存。当使用存储器保持持久性的 COTS 或 OSS 组件时，如果存储在内存中的数据比较敏感，应将组件托管在 TPM 上，从而将内存驻留数据与系统其余部分隔离。无论程序运行时内存持久性如何，只要程序关闭，数据就应该从内存中清除。对于关键和可信的进程，程序不应在进程完成之后保留内存中的数据，它应该在流程完成时被清除。

理想情况下，敏感的数据（如身份验证令牌和加密密钥）永远不能保留在持久内存中。但是，在 COTS 和 OSS 组件中无法避免持久性内存。在此情况下，如果组件可能将敏感数据存储在持久性内存中，则开发者应利用操作系统的缓存管理和对象重用功能，数据库管理系统利用每个持久内存位置覆盖随机比特 7 次（被认为足以用于对象重用的次数）。

安全地创建和删除临时文件。临时文件由一些程序创建，以保存关于事务或正在进行操作的临时状态信息。与数据缓存一样，临时文件可能包含敏感信息，使其成为攻击者的目标。临时文件被攻击的原因包括：

● 不安全的临时文件管理：攻击者在临时文件目录中创建一个与现有文件名称相同的文件。然后攻击者将伪造的临时文件复制到临时文件目录中，从而覆盖真正的临时文件。

● 符号链接漏洞：如果攻击者知道应用程序创建的临时文件位置，并且可以猜出下一个临时文件的名称，那么就可以在临时文件的位置放置一个符号链接，然后将该符号链接链接到特权文件。此时，应用程序会不知不觉地将临时数据写入特权文件而不是临时目录。

理想情况下，程序不会首先创建临时文件或文件副本。如果无法避免使用临时文件，应确保程序始终在程序执行终止时删除所有临时文件。与缓存清除一样，临时文件应该从磁盘上彻底被清除，或用随机位覆盖其存储位置 7 次。此外，程序还应该允许用户或管理员对临时文件进行删除（不必终止程序），在理想情况下，还应该支持配置临时文件删除频率。

6.4　进程间通信

进程间身份验证的主要目的是将人类用户的身份和权限与以其名义运行的应用程序进程的身份和权限相关联。无论是人类用户还是软件实体（进程、服务、组件），身份标识和鉴别均为确保软件系统安全运行的关联提供了基础。

- 与用户或软件实体相关的安全决策所依赖的安全属性相关联，如是否授予实体访问某些数据或资源的权限。
- 将软件的行为与用户或软件实体的身份鉴别相关联，以便进行问责。为了使软件实体的问责有效，还需要有一种方法，能够可靠地将软件实体与人类用户相关联，诸如代表人类用户与代表其产生的请求者 Web 服务之间的关联。使用 Kerberos 票证（该票证使用安全声明标记语言来声明）、带有 X.509 证书的 SSL/TLS 或一次性加密的 Cookie、安全远程过程调用（RPC）协议等进行身份验证时，可以使用一个进程来绑定特定人员以代表该人员实体。

安全的RPC：RPC旨在实现分布式应用程序进程之间的安全通信。RPC runtime库为客户端和服务器端进程提供了认证服务的标准化接口。服务器主机系统上的认证服务提供 RPC 认证。应用程序使用经过验证的远程过程调用来确保所有调用来自授权客户端。它们还可以帮助确保服务器回复来自经过认证的服务器。

RPC 规范仅限于相对较少的应用程序，这些应用程序仅限于一个管理域。由于许多 Web 应用程序需要跨越域边界进行操作，因此，RPC for Web 应用程序需要一个全面的安全基础架构，超越了通过 SSL/TLS 机制的可能性。

6.5　特定语言的安全问题

编程语言的选择是编写安全代码的重要因素。虽然在很多情况下，现有的库或需求可能需要使用某种特定编程语言，但是在很多情况下，语言的选择可能直接影响软件的安全性。最显著的例子是 Java 与 C 数组边界检查功能（尽管大多数现代 C 编译器都支持运行时的边界检查）。

这一功能已导致几十年来基于缓冲区溢出的 Web 服务器、操作系统和应用程序漏洞。同样，在性能和占用空间极其重要的环境中（如嵌入式设备和智能卡），Java 虚拟机可能会给系统带来很大的压力，导致潜在的拒绝服务攻击。

安全的编程语言是指具有对缓冲区、指针和内存进行管理而避免发生安全问题的语言，我们在前面内存管理中曾提到的类型安全语言就属于安全编程语言的范畴。而完善的类型安全语言需要在类型安全概念的基础上，至少要具有垃圾回收、内存管理及指针管理的能力，不允许悬挂指针横跨不同的结构类型。

传统的 C 语言由于不正确的字符串管理容易造成缓冲区溢出漏洞，因而不是类型安全语言。尽管一些编译器支持边界检查，如 C 语言中的数组边界检查，但该特性也会造成服务器、操作系统、应用程序等的缓冲区溢出问题。

一些较新的语言如 C#，拥有内建到语言中的许多安全机制，包括类型安全元素、代码访问安全和基于角色的安全，因而属于类型安全语言范畴。而支持静态类型的语言，如 Java、F#等，都可以确保操作仅能应用于适当的类型，使程序员能够指定新的抽象类型和签名，防止没有经过授权的代码对特定的值进行操作。这些语言都属于类型安全语言。

对于一些性能等因素特别重要的应用环境（如嵌入式移动设备、智能卡和云计算环境），可以使用一种包含其自身安全模式和自我保护特性的语言（如Java），或者在主机系统上实现虚拟化（如 Java 虚拟机）以包含和隔离所编写的程序。然而，Java 虚拟机可能会带来性能问题，导致潜在的拒绝服务攻击。

重要的是，如果选择了某种编程语言，设计或编码人员需要知道该种语言容易出现哪些安全问题。虽然选择一种安全的编程语言很重要，但不能仅仅依赖语言自身的安全性来减少漏洞，开发团队还应根据项目特点、具体操作环境、开发人员素质等要素，通过安全设计和安全编码实现安全开发。

类型安全的代码具备良好的数据类型定义，仅访问被授权允许访问的内存空间。例如，类型安全代码不能从其他对象的私有字段读取值，它只能以定义完善的允许方式访问类型才能正常读取数据。

类型安全代码不能访问超出定义的内存地址空间范围的内存位置，这些内存地址空间应属于对象公开暴露的字段，它也不能访问没有被授权的内存位置。类型安全代码只能以明确定义的且被允许的格式才能访问类型。在未托管的非类型安全语言，如 C 和 C++中，缓冲区溢出漏洞是普遍存在的，因此在选择托管还是未托管的编程语言时，类型安全是重要的考虑因素。参数的多态性和统一性允许对功能或数据类型进行统一编写，以保证用相同的方式进行处理而无须依赖它们的类型。这意味着在保持类型安全的同时，可以使程序语言具有更丰富的表现力。

在评估和选择用于编写代码的编程语言时，应考虑以下一些关键问题，包括：

● 语言是否简单明了，是否会鼓励编写简单易懂的代码；
● 该语言是否包含有助于编写安全软件的功能，如污点（taint）模式、虚拟机环境；
● 该语言是否包含任何会使编写安全软件更困难的功能，如缺乏类型安全；
● 如果最初考虑使用非安全语言，是否有适合编写安全代码的替代方案，如用 Java 而不是 C++；
● 是否存在可以遵循的安全编码标准；
● 是否有工具可用于支持语言中的安全编译和面向安全的调试；
● 在语言中是否有安全的替代标准库例程。

大多数安全的库和语言（或语言变体）旨在帮助避免缓冲区、指针和内存管理问题。例如，C 中的 Safestr 为字符串处理函数提供了一致且安全的接口，这是许多安全漏洞的根源。但是，它需要重新编码字符串处理函数，并将其转换为新的库函数。如果程序在易受攻击的环境中运行，可以谨慎考虑至少在主机系统上实现一个虚拟机来隔离程序，或者使用安全性的语言来重新实现该程序和自我保护功能（如使用 Java、Scheme、Categorical Abstract Machine Language，而不是 C 或 C++）。

使用支持良好编码实践并且具有较少固有漏洞的编程语言，比使用具有严重安全缺陷的语言更能保证软件安全。C 和 C++比 Java、Perl、Python、C# 和其他嵌入了安全增强功能的语言，如内置边界检查、"污染模式"，以及某些情况下它们自己的安全模型（如 JVM、C# CLR），更难保证软件安全。由于 Ada 能够生成可靠、可预测、可分析的代码，因此是其支持者积极推动的语言。

对于不需要关注性能的软件，应该权衡 C/C++的性能优势与缓冲区溢出风险。避免缓冲区溢出攻击不是程序员的唯一问题，操作系统（OS）和编译器级缓冲区溢出保护变得越来越普遍。尽管 C 和 C++非常容易出现缓冲区溢出和格式化字符串攻击，但使用其他语言编写的软件可能会受到参数篡改、命令注入、跨站脚本攻击、SQL 注入攻击。无论使用何种语言，都应该验证所有用户的输入（包括来自不受信任进程的输入）。

由于大多数程序使用系统调用来传输数据、打开文件或修改文件系统对象（嵌入式程序和安全关键软件系统是两类例外，这些系统通常不使用任何操作系统调用或第三方库函数），因此，严格限制该程序可调用的不可信程序，能够限制可能存在的潜在损害。内核可加载模块可用于对不可信程序的防护，进一步限制被破坏的程序造成的损害。

- 污点（如 Perl）；
- 代码安全性（语言或基于环境）；
- 紧密耦合的执行环境（如 JVM）；
- 保护语言衍生物。

6.6　安全编码和编译工具

6.6.1　编译器安全检查和执行

编译是指将程序员编写的源代码转换为计算机可以理解的目标代码的过程。为保证源代码被正确地翻译为目标代码，代码编译也需要在一个安全的环境中进行。编译环境的完整性对于保证最终目标代码的正确性是很重要的，具体可以采取以下措施。

● 在物理环境上，对代码编译系统实施安全访问控制，防止人为破坏和篡改；
● 在逻辑上，使用访问控制列表（ACLs）防止未授权用户的访问；
● 使用软件版本控制方法，保证代码编译版本的正确性；
● 尽量使用自动化编译工具和脚本，保证目标代码的安全性。

编译自动化是指编译过程中涉及的任务以自动化或脚本的方式进行，它取代了编译人员的手工编译活动，这些活动包括：将源代码编译为机器代码、代码包装、部署和安装。当采用编译脚本实现自动化编译过程时，要保证安全控制与检查措施到位，并且不会被绕过。另外，还要确保遗留的源代码能够没有错误地被编译，这对遗留的源代码、相关文件及编译环境本身的维护提出了要求。由于大多数遗留代码设计开发时都没有考虑安全问题，因此在遗留代码被重新编译或重新部署时，保证编译生态环境的安全状态是很重要的，最终目的是提高目标代码的安全性。

通过编译，可以直接获得发布代码的高级代码编译工具主要有包装器（Packager）和打包机（Packer）。

包装器用于源代码的编译，它们能够保证所有的软件运行所必需的依赖关系和资源都会成为软件编译的一部分，使软件可以没有错误地无缝安装到应用系统之上。典型的包装器如红帽子包装管理器 RPM 及微软 MSI 安装包。关于软件包装过程,重要的是不要引入新的漏洞。

打包机主要用于对可执行代码进行压缩,降低二级存储需求,以便后期产品的分发。经过压缩打包后的可执行代码降低了对用户代码下载和更新的时间与带宽的要求。与打包过程相对应,被打包的可执行代码需要使用适当的拆包器解开包装。当使用未公开发行专有打包机对可执行程序代码进行包装时,也需要同时提供某种抗逆向工程保护机制,以避免软件版本被盗用。但是,从本质上讲,打包只是一种威慑,尽管在没有适当拆包工具的情况下,要将打了包装的软件进行拆包,即使对逆向工程师来说也是一项挑战,但这并不能阻止逆向工程攻击。打包软件也可以用于可执行代码的混淆操作。

除编译环境的完整性外,对应用环境的真实模拟也是软件编译要考虑的问题。很多软件在开发和测试环境中运行得很好,而到了生产环境中就会出现很多问题,主要原因就是开发和测试环境与实际应用环境不匹配。由于应用环境比较复杂,因此要开发出能够适应所有环境的应用软件并不是一件简单的工作,对环境的适配也是反映软件应用弹性的一个重要指标。

基本上所有的编译器都有一个简单的编译检测功能,以执行类型检查和相关程序分析。在编译代码时,可以通过打开尽可能多的编译标志来增加类型检查的级别,然后修改源代码,以使用这些标志进行干净的编译。编译和链接生产二进制可执行文件时,不应使用调试选项编译源代码。首先,一些流行的商业操作系统被报告包含严重的漏洞,使攻击者能够利用操作系统标准的、文档化的调试接口。该接口旨在让开发者在测试过程中控制程序,并且可以在生产系统中使用该接口。攻击者通过网络方式,利用该接口来控制程序,从而将攻击者的权限提升为调试器的权限。

基于非类型语言的安全性问题可以通过更强大的类型检查编译器来解决,该编译器标记和消除与不安全类型相关联的代码构造和缺陷(例如,可能产生内存访问错误的指针和数组访问语义）。这些编译器还执行内存引用的边界检查，以检测和防止堆栈及堆栈中的缓冲区溢出漏洞。开源类型检查编译器的两个例子是 Fail-Safe C 和 Memory Safe C 编译器。正如其名称所示，它们都是用来编译 C 程序的，以消除缓冲区溢出漏洞。

一些编译验证工具利用类型限定符。这些限定符对程序进行注释，以便程序可以正式验证为没有可识别的漏洞。其中一些限定符是独立于语言的，专注于检测"不安全"系统调用；其他工具检测特定语言的漏洞（如 C 中的 printf）。

另外，编译器可能会被修改以检测恶意修改的堆栈或数据区域。这种保护的一个简单形式是堆栈金丝雀（canary），它通过子程序入口代码放置在堆栈上，并由编译器生成的子程序退出代码进行验证。如果金丝雀已被修改，则退出代码会以错误终止程序。

许多 C/C ++编译器可以检测到不准确的格式字符串。例如，Gnu 编译器支持可用于标记包含不准确格式字符串的函数的 C 扩展，并且 Microsoft 的 Visual C ++ .NET 中的/GS 编译器开关可用于标记代码中的缓冲区溢出。Ada 社区花费了好多年的时间来开发具有高级保证软件特殊编译模式的编译器，其中包括可自动检查语言子集的模式、执行扩展的运行时检查及支持逐个设计的模式。

虽然类型和格式字符串检查对于检测简单故障很有用，但它们无法检测到更复杂的漏洞。有些编译工具执行污点分析，标记输入数据为"污染"，并确保所有这些数据在允许它们用于易受攻击的功能之前进行验证。Flaye 就是一个例子，它是一个开源的污点分析逻辑和包装器。其他编译器包含更广泛的逻辑来执行完整的程序验证，以基于编译前生成的正式规范来证明复杂的安全属性。程序验证编译器通常用于检测 C 和 C++程序，以及库中的缺陷和"危险"结构，包括使程序易受格式字符串攻击和缓冲区溢出影响的结构。

编译实现的额外保护是：

● 将编译器变量和内存中的代码位置，尤其是加载库的位置随机化。

● 汇编器、预处理器可降低 C 和 C++程序对堆栈溢出的敏感度。

即使聪明的编码人员也可能因为经验不足而犯下安全错误。除要求编码人员提高程序质量外，还应该使用安全编译技术来提高编码的安全水平。最常用的方法就是采用最新的集成编译环境，并选择使用这些编译环境提供的安全编译选项和安全编译机制来保护软件代码的安全性。例如，在编译 C 语言时，增加/GS 选项可以增加缓冲区的安全检查，在 Visual Studio 2008 及以上版本中，该选项是默认打开的。

6.6.2　安全的软件库

"safe"和"secure"软件库通常通过检测程序在链接过程中调用的不安全库函数（如那些已知容易受到缓冲区溢出攻击的函数），将其替换为安全的函数或方法。

与安全编译器一样，大多数安全库都用于 C 或 C++，并专注于替换容易发生缓冲区溢出的库例程。第一个安全库是 Libsafe。安全库的两个开源示例是安全 C 字符串库和 Libsafe。

6.6.3　运行错误检查和安全执行

可以通过运行保护来防止二进制文件执行时的缓冲区溢出问题。安全包装器和验证过滤器可以应用于 OSS 代码和二进制可执行文件，以减少它们的漏洞暴露。总的来说，安全包装器和验证过滤器用于将内容（输入或输出）过滤逻辑添加到程序中。安全包装器程序拦截并分析来自"包装"程序的输入或输出，检测、移除、转换或隔离可能的恶意内容（如恶意代码），或包含非安全构造的内容数据字符串（与缓冲区溢出相关）及与特权升级相关的命令字符串。总的来说，安全包装器和验证过滤器必须定制开发。

6.6.4　代码混淆

代码混淆又称花指令，是指使用一个称为混淆器的特殊程序实现代码模糊化，将代码转换为功能上等价但难于阅读和理解的行为指令。即使源代码被泄露或者被攻击者盗取，它也不容易被读出和解码。

代码混淆器可以保护中间代码（如 Java 字节代码）和运行解释的源代码（如 Perl、PHP、45 Python、JavaScript、AJAX 等中的脚本代码），以此来对抗侦察攻击和知识产权侵权，抵御反编译、反汇编和逆向工程。混淆也可以通过阻止源代码被查看和/或复制来保护知识产权。

源代码或目标代码都需要被保护，避免受到非授权的修改，以保证操作的可靠性和软件的完整性。代码混淆技术通常采用泛化的变量名、缠绕的复杂循环、条件结构，以及将代码内部的文本和符号重命名使之转变为没有意义的字符序列等方法将代码复杂化。代码混淆操作的结果是产生我们所知道的混淆代码，混淆操作并不限于源代码，也可以用于目标代码。当目标代码被混淆时，可以对逆向工程起到威慑作用，如防止反编译。

第7章　软件安全测试

　　软件测试是软件开发生命周期中保证代码和系统质量的关键步骤。尽管在前面已经探讨了软件安全设计和安全编码方法，但不意味着软件的安全性已经完全实现了。而软件安全是关于在恶意代码攻击状态下软件行为表现的学科。即使在真实世界里，在没有攻击者的情况下，软件失效的情况也会发生。标准化的软件测试方法只关心软件在失效情况下将会发生什么，而很少去关心攻击者的真正意图，因为软件安全与软件失效的差别就在于是否存在一个聪明的对手试图对系统进行蓄意的破坏。

　　当软件设计规范充分考虑了软件可靠性、可信性和可生存性相关的需求时，基于需求的安全测试可以帮助验证软件安全行为的正确性和可预测性，这些是保证软件可靠性的先决条件。正确性和可预测性测试的重点是证明软件可以在"正常"和"异常"条件下执行其功能。

　　在测试中还需要确定休眠功能是否可以在正常执行期间有意或无意地触发（如通过提交恶意输入/攻击模式）。"始终如一的安全行为"应该是软件正确性的衡量准则。

　　基于需求的测试应包含那些用于确定软件是否符合其安全约束和保护要求，如沙箱、代码签名验证、输入验证、输出过滤、故意引发故障等的异常处理。基于需求的测试还验证软件是否符合其设计要求，重点在于验证安全约束和保护是否正确地实现。

7.1　软件测试和软件安全测试

7.1.1　软件测试

软件测试是在规定的条件下对软件进行操作，以发现程序中的错误、衡量软件的质量、评估软件是否满足设计要求的过程。软件测试描述了一种用来促进鉴定软件的正确性、完整性、安全性和质量的过程。换句话说，软件测试是一种实际输出与预期输出间的审核或者比较的过程。

1. 软件测试类型

按测试的重点不同，软件测试可分为不同的类型。

● 测试的对象：根据测试对象的不同，软件测试可分为文档测试（包括需求规格说明书、概要设计规格说明书、详细设计规格说明书、用户手册等文档）、代码测试和配置测试等。

● 测试顺序：根据测试的先后顺序，软件测试可分为单元测试、集成测试、确认测试和系统测试。

● 实现技术：根据实现技术的不同，软件测试可以分为很多类型。按测试过程中软件的运行情况，可分为静态测试和动态测试；按测试过程中所针对的软件功能和结构，可分为黑盒测试和白盒测试。

● 测试专题：按专题的不同，软件测试可分为功能测试、性能测试、可靠性测试、安全测试、强度测试、安装测试、恢复测试和余量测试。

● 测试用途：软件测试可以分为正确性测试、性能测试、可靠性测试、安全性测试及回归测试等。

● 生命周期：按生命周期不同，软件测试可分为需求阶段测试、设计阶段测试、程序编码阶段测试、安装阶段测试、验收阶段测试及维护测试等。

● 测试范围：按测试范围不同，可分为单元测试、组件测试、集成测试、系统测试、验收测试和安装测试。

2. 软件测试步骤

软件测试步骤分为单元测试、集成测试、确认测试和系统测试，如图 7-1 所示。

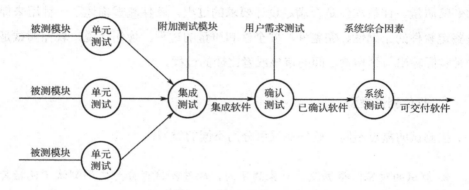

图 7-1　软件测试步骤

1）单元测试

单元测试是针对程序模块进行正确性检验的测试，其目的是发现各模块内部可能存在的差错。在进行单元测试时，需要从程序的内部结构出发设计测试用例。多个模块可以并行独立进行单元测试。单元测试主要从以下 5 个方面进行。

（1）模块接口测试：程序模块作为一个独立的功能模块，需要有输入和输出信息。输入信息可根据具体情况选择，如果输入信息是通过参数传递得到的，则主要检查形参和实参的数目、次序、类型、是否能够匹配；如果是由终端读入的，则检查读入数据数目、次序、类型是否符合要求。另外，根据程序模块的功能查看输出的结果是否正确。

（2）局部数据结构测试：模块的局部数据结构是常见的错误来源，应该设计测试数据检查各种数据类型的说明是否符合语法规则，变量命名和使用是否一致，局部变量在引用之前是否被赋值或初始化等。

（3）路径测试：设计一些有代表性的测试数据，尽量覆盖模块中的可执行路径，重点是各种逻辑情况的判定、循环条件的内容和边界的测试，从程序的执行流程上发现错误。

（4）程序异常测试：程序异常测试用于检查模块的错误功能是否包含错误或缺陷。例如，是否拒绝不合理的输入；异常的描述是否难以理解，对异常的定位是否有误，异常原因报告是否有误，对异常条件的处理是否不正确。

（5）边界测试：边界测试就是进行某一数据变量的最大值和最小值的测试，同时应进行越界测试，即输入不该输入的数据变量以测试系统的运行情况。例如，数据取值范围的最大值和最小值、n 次循环语句的第 n 次执行等，都存在出错的可能，在选择测试用例时，重点对这些方面进行测试。

在单元测试阶段，根据模块化编程的基本思想及模块内部的紧凑程序，也可以把大的模块划分成小的模块。在程序内部，为小模块之间数据传递的入口设计接口函数，用于快速定位错误。因此，利用单元模块思想进行软件测试时，要求单元模块内部结构清晰、数据链路简单。

2）集成测试

集成测试也称组装测试，它的任务是按照一定的策略对单元测试的模块进行组装，并在组装过程中进行模块接口与系统功能测试。进行集成测试时要考虑以下几个问题。

● 在将各个模块连接起来时，注意数据穿越模块接口时是否会丢失；
● 一个模块的功能是否会影响另一个模块的功能；
● 各个子模块连接后，是否会产生预期的功能；
● 全局的数据结构是否会出现问题；
● 单个模块的错误积累起来可能会迅速膨胀。

在进行集成测试的过程中可能会暴露很多单元测试中隐藏的错误，如何较好地定位并排除这些错误，在很大程度上取决于集成测试采用的策略与步骤。集成测试的策略主要有两种方式，分别为一次性组装测试和增殖组装测试。

（1）一次性组装测试：基本思想是首先分别测试每个模块，然后将所有的模块全部组装起来进行测试，形成最终的软件系统。这种测试的缺点在于，一次将所有模块组装后的程序会很庞大，模块之间相互影响，情况十分复杂，在测试过程中会出现很多的错误，对这些错误的定位难度增大，修改的过程中可能会引发其他错误或激发其他潜在的错误，这一过程持续下去，会使测试工作十分漫长。

（2）增殖组装测试：也叫渐增式集成方式。在这种方式下，首先对每个模块进行模块测试，然后将这些模块逐步组装成较大的系统，在组装的过程中边连接边测试，以发现连接过程中产生的问题，最后组装成要求的软件系统。增殖组装测试采用循序渐进的方式，每次增加一个模块到已测试好的模块中，这样就会将错误的范围缩小，使错误的修改和定位难度相对降低。因此，目前进行集成测试时普遍采用增殖组装测试。这种组装方式在实际操作中有两种实现方式，分别是自顶向下增殖方式和自底向上增殖方式。

3）确认测试

确认测试也叫有效性测试，目的是验证软件的有效性，即验证软件的功能和性能及其他特性是否符合用户要求。软件的功能和性能要求参照软件需求规格说明书。软件需求规格说明书描述了所有用户可见的软件属性。确认测试的步骤如图 7-2 所示。

确认测试在开发环境下进行，采用的测试方法为黑盒测试法。

确认测试是在用户参加的基础上，运行软件系统进行的测试，以查看系统的功能实现情况，以及在性能上能否满足用户的使用要求。确认测试是软件交付使用前一项很重要的活动，它最终决定用户对软件的认可程度。绝大多数的软件生产者都采用 α（阿尔法）测试和 β（贝塔）测试的测试方法，尽可能地发现那些看来只有用户才能发现的问题。

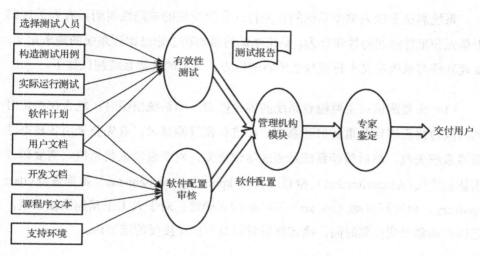

图 7-2　确认测试的步骤

（1）α 测试：α 测试是邀请用户参加，在开发场地进行的测试，软件环境尽量模拟实际运行环境，由开发组成员或用户实际操作运行。测试过程中，程序出现的错误或使用中遇到的问题，以及用户提出的修改意见，都由开发者记录下来，作为修改的依据，整个测试过程是在受控环境下进行的。

（2）β 测试：β 测试是由部分用户在实际的使用环境下进行的测试。测试过程中开发者不在现场，用户独立操作，验证程序的各项功能，比如界面实现是否友好、交互过程是否方便、功能是否完善、实际使用中还存在什么问题等，从用户使用的角度和真实的运行环境出发，对软件进行测试，将用户发现的问题全部记录下来，反馈给程序开发者，开发者对软件进行必要的修改，并准备最终的软件产品发布。

（3）确认测试的结果：可分为两种情况。一是测试结果与预期结果相符，程序的功能和性能满足用户的需求；二是测试结果与预期结果不符，将存在的问题列出清单，提供给开发者作为修改依据。

4）系统测试

系统测试表现为整个系统的行为特征和所发现的缺陷性质明显有别于可归于单元和组件级的特性和行为。系统测试的目的在于通过比较系统的需求定义，发现软件与系统定义不符或与之矛盾的地方。常见的几类系统测试如下。

（1）恢复测试：主要检查系统的容错能力，当系统出错时，能否在指定时间间隔内修正错误并重新启动系统。在进行恢复测试时，首先要采用各种办法强迫系统失败，然后验证系统是否能尽快恢复。对于自动恢复系统，需要验证重新初始化（reinitialization）、检查点（checkpointing mechanisms）、数据恢复（data recovery）和重新启动（restart）等机制的正确性；对于人工干预的恢复系统，还需要估测平均修复时间，确定修复时间是否在可接受的范围内。

（2）安全测试：检查系统对非法入侵的防范能力。在安全测试期间，测试人员假扮非法入侵者，采用各种办法试图突破防线，例如，对密码进行截取或破译，对系统中的重要文件进行破坏等。

（3）强度测试：检查程序对异常情况的抵抗能力，因此这种测试总是迫使系统在异常的资源配置下运行。

（4）性能测试：主要检查系统是否满足需求规格说明书规定的性能。特别是那些实时和嵌入式系统，其对性能是有很严格的要求的。

7.1.2　软件安全测试

软件安全测试是站在安全的视角，对软件产品安全质量进行审核的过程，其主要目的是：评估软件的安全功能是否满足安全设计要求；发现软件产品存在的漏洞，包括软件的设计缺陷、编码错误和运行故障；评估软件的其他质量属性，包括可靠性、可扩展性、可伸缩性、可恢复性等。

软件安全测试有狭义和广义之分。从测试的阶段来看，狭义的软件安全测试就是系统测试中的软件安全性测试；广义的软件安全测试则同软件测试一样，应该是贯穿于整个软件开发生命周期的，不同的开发阶段应该采用不同的安全测试策略和方法。从覆盖的范围看，狭义的软件安全测试指的是执行安全测试用例的过程，而广义的安全测试指的是所有关于安全性测试的活动，后面的介绍都是基于广义的角度来讨论软件安全测试。

在不同的开发阶段，软件安全测试的对象也不相同，不仅包括代码，还包括各种相关文档。例如，在需求分析阶段，软件安全测试需要对需求文档中的安全需求进行评审；在设计阶段，需要对设计文档、受攻击面分析、威胁建模等文档进行评估；在编码阶段，需要进行源代码审核等。

在软件安全测试过程中需要用到不同的技术，常见的软件安全测试技术有评审、代码分析、模糊测试和渗透测试。评审采用的主要方法是人工评审，主要审查安全策略、安全需求、威胁建模文档等。需要注意的是，人工评审人员前期需要有充分的准备，才能发现更多的安全缺陷。对于代码分析、模糊测试和渗透测试，后面会有单独的章节进行介绍。

安全测试方法可以分为黑盒测试、白盒测试和灰盒测试三种。

黑盒测试也称功能测试、基于需求规格说明书的测试。它把程序看作一个黑盒子，不考虑程序的内部结构和处理过程，只检查程序功能是否按照需求规格说明书的要求正常运行，判断程序接收输入数据是否产生相应的输出。黑盒测试的优点是测试者无须熟悉软件的内部结构，并且在早期就可以根据软件功能制定测试方案，并不依赖于开发者的工作进展，测试简单易行，对测试者的技术要求不高。黑盒测试只能覆盖一部分测试对象，不能保证程序的所有部分都被测试到。

白盒测试也称结构测试或逻辑驱动测试，它把程序看成一个透明盒子，被测系统的信息已知，分析程序的实现是否正确。白盒测试的优点是可以对代码进行详细审查，能找出隐藏在代码中的错误，确保代码质量。它的缺点是很多时候不能看完所有的代码，不能找出代码缺陷，同时白盒测试和用户如何使用软件无关。白盒测试的主要方法是代码审查，比如查找 PHP 代码中是否存在文件包含漏洞等。

灰盒测试介于白盒测试与黑盒测试之间，不仅关注输出对于输入的正确性，同时也关注程序内部。在实际工作中经常将黑盒和白盒测试结合使用，例如，可以通过黑盒测试找到可能存在漏洞的点，然后进行代码审查找到最终问题，或者通过白盒测试查找可疑的危险函数，利用黑盒测试的方法查看是否能被利用。

1. 软件安全测试的原则和重点

1）软件安全测试的原则

软件安全测试应遵循一些基本原则，OWASP 在测试指南中列举了很多，常用的通用原则如下。

- 应尽早进行软件安全测试，否则越晚发现漏洞，修复的成本越高。
- 在有限的时间和资源下进行完全测试，找出软件所有的错误和缺陷是不可能的，软件测试不能无限进行下去，应适时终止。软件安全测试同样如此，应该通过威胁建模等方法，优先测试高风险模块。
- 测试只能证明软件存在错误而不能证明软件没有错误。测试无法显示潜在的错误和缺陷，进一步测试可能还会找到其他错误和缺陷。同理，软件安全测试只能证明系统存在安全漏洞，并不能证明应用程序是安全的，只用于验证所设立安全策略的有效性，安全策略是基于威胁分析阶段假设选择的。
- 程序员应避免检查自己的程序。同样，软件安全测试也应该如此。
- 尽量避免测试的随意性。软件安全测试是有组织、有计划、有步骤的活动，要严格按照测试计划进行，避免测试的随意性。

2）软件安全测试的重点

软件安全测试的目的是消除一切危险源或将其控制在可接受的水平。测试中的重点为以下几个方面。

- 全面检验软件在需求规格说明书中规定的防止危险状态措施的有效性和每一个危险状态下的反应；
- 对软件设计中用于提高安全性的结构、算法、容错和中断处理方案等，应进行针对性测试；
- 在正常条件和异常条件下测试软件，判断软件对环境的适应能力；
- 对安全性关键模块或组件进行单独测试，以确保其满足安全性需求；
- 对改变的安全性关键软件部件进行全面的回归测试；
- 对外购软件（如安全性关键软件）要进行安全性测试，以确保其满足安全性要求；
- 对关键故障事件进行测试，使其发生的根源消除或控制在可接受的水平。

2. 基于风险的软件安全测试

软件安全测试已经超越了传统的网络端口扫描的境界，还包括了对软件行为进行检测的关键技术，以探测软件运行中的安全问题。几乎没有基于需求的测试能够证明软件不包含漏洞，这是因为即使是最强健的安全要求，也不可能解决软件在现实世界中运行的所有可能的条件。首先，在软件准备进行测试时，可能有一些最初的假设已经过时。部分原因在于软件面临的威胁在不断变化，出现新的攻击策略和辅助技术，这些攻击策略和辅助技术都有可能针对软件的漏洞。这些因素经常变化，并且总是比功能规范的变化速度快得多。此外，如果软件包含已获取的组件，则实际系统中包含的版本可能与软件架构时所设想的版本不同。

出于所有这些原因，基于需求的测试应始终使用基于风险的安全测试进行扩展。测试者必须通过识别系统的风险，并通过风险驱动产生测试用例，将测试适当聚焦于重点安全领域问题。这种方法比传统的黑盒测试能提供更好的软件安全保障。

理解和模拟攻击者的入侵方法，进行基于风险的软件安全测试。对于需要保护的信息和服务本身的价值、对手的技能和资源、实施保护所需要的成本而言，安全测试的成本是相对较低的，但效果很好。安全是风险管理领域的一项实践活动。风险分析，特别是在设计阶段的风险分析，可以帮助软件开发人员识别风险及其可能产生的影响。一旦软件的风险被识别并排序，那么它就可以用于指导软件安全测试。

由于软件越来越复杂，软件存在被攻击的漏洞的可能性越来越大，而通过结构检查和代码评审的方法无法遍历所有的软件执行路径。在此情景之下，通过对软件安全性的测试，确保软件能够按照业务和用户期望的功能发挥作用，使软件可靠性得到保证。

此外，一个软件的可伸缩性不够好就很容易被攻击，如注入威胁、拒绝服务、数据盗窃、内存泄漏问题等，因此软件弹性的测试也应该属于安全性测试的一部分。这既包括了对攻击面的验证，也包括了对软件运行环境安全的测试，如故障注入和应急响应能力测试，并且在不同环境下的交叉测试可以验证软件的兼容能力。当问题出现时，软件自我恢复的能力（可恢复性）也应该被测试。

基于风险的安全测试有以下 3 个目标。

（1）验证在恶意条件下软件仍能够可靠运行，如接收到攻击模式输入、环境组件中的故意（攻击诱发）故障。

（2）根据软件行为和状态变化及缺乏可利用的缺陷来验证软件的可信度。

（3）通过验证其异常、错误和异常处理，能够识别并安全地处理所有预期的与安全有关的异常和故障，以验证软件的可生存性。这意味着将软件本身（攻击诱导）故障造成的损害和影响降到最低，并防止出现新的漏洞、不安全状态。安全软件不应对异常或故意错误做出不适当的反应，如抛出异常使其处于不安全（易受攻击）状态。漏洞是最有可能在启动、关闭及软件出现错误和异常时发生的状态变化。

基于风险的测试是以"测试者为攻击者"的概念为基础的。测试场景本身应该基于误用和滥用用例，并且应包含已知的攻击模式及异常交互行为，这些异常交互行为使软件及其环境所做出的假设无效。实际上，这个测试将集中在软件的两个方面：

● 它的关键组件；
● 它的组件接口及外部组件接口。

基于风险的测试技术包括：

● 使用静态和动态分析技术对代码安全进行评估，这些评估应包括类型检查和静态检查，以揭露 consequential 和 inconsequential 的安全错误；
● 白盒和黑盒安全故障注入，以及故障传播分析技术；
● 模糊测试；
● 渗透测试；
● 自动化的脆弱性扫描。

3. 软件安全测试的基本步骤

软件安全测试要求测试人员的思维从验证者转向攻击者。它的基本过程可以简单地归结为以下步骤。

1）使用所有具备的资源列出软件的"攻击面"

这些资源包括：

● 系统测试工具，可以用来列出程序所使用的文件、网络端口及其他的系统资源；

● 查找使用输入/输出的源代码；

● 设计文档和开发人员访谈记录。

2）建立威胁模型

将程序组件从高风险到低风险排序。典型情况下，高风险的组件是指匿名的或低权限的远程用户可以访问的包含敏感数据的组件，或者能够执行任意代码的组件。

3）发起攻击

通过"故障注入"，使用常见的"攻击模式"去攻击程序的"攻击面"。攻击首先从程序的最高风险开始。通常使用以下方式。

● 手工输入；

● 由现有的或定制的侦探器工具产生的输入；

● 由代理服务器操纵的输入。

4）查找缺陷

审查系统，查找常见的安全设计错误，包括：

● 审查网络通信的保密性及使用的协议；

● 审查存储的和内存中的数据的保密性，以及 OS（操作系统）对象上的 ACL（访问控制列表）；

● 审查身份鉴别机制的强度；

● 审查随机数。

对以上情况进行测试时，均可以采用传统的软件测试技术，包括黑盒测试和白盒测试等，并在测试中考虑使用以下方式。

- 软件安全测试必须包含非正常路径测试；
- 软件安全测试必须包含硬件及软件输入故障模式测试；
- 软件安全测试必须包含边界、界内、界外及边界交叉处的测试；
- 软件安全测试必须包括 "0" "穿越 0" "从两个方面趋近 0" 的输入值的测试；
- 软件安全测试必须包括安全关键操作中的操作错误测试，以验证系统对这些操作错误的反应。

7.1.3　软件测试和软件安全测试的关系

软件测试主要是从最终用户的角度出发发现缺陷并修复，保证软件满足最终用户的要求。软件安全测试是从攻击者的角度出发发现漏洞并进行修复，保证软件不被恶意攻击者破坏。通常普通用户不会去寻找软件漏洞，恶意攻击者往往经过深思熟虑去寻找软件中的安全漏洞。

软件安全测试和传统测试最重要的区别就是，软件安全测试必须考虑超出普通用户行为的其他恶意行为，这些活动在普通测试中可能不需要被关注，软件安全测试人员要像攻击者一样寻找系统的脆弱点。

软件测试用例是根据功能需求和其他开发文档等设计的。软件安全测试用例则是通过对安全需求、攻击模式的归纳，以及已公布的漏洞等，从攻击者的角度设计的。测试用例中测试数据的选择也不相同，软件测试一般选取正向数据，而不会过多选取反向数据（反向数据大多是用户不小心输入的一些数据）；软件安全测试更多地是考虑反向数据，即攻击者精心构造的具有攻击性的数据。

软件测试强调软件应该做什么，软件安全测试强调软件不应该做什么。虽然软件安全测试有时测试正向的需求，比如"用户账户三次登录，不成功后将被锁定"和"网络通信必须加密"，但更多的时候它测试反向的需求，比如"攻击者应该不能修改网页的内容"和"未授权用户不能访问数据"等。测试重心从正向需求到反向需求的转移影响了测试方法。测试正向需求的方法是先创造满足需求的条件，然后检查软件执行是否正确；测试反向需求的方法则是创造不满足需求的条件，破坏软件的正常运行。

7.2　测试计划

7.2.1　测试环境和测试要求

测试者发现软件漏洞的能力取决于其对被测软件的掌握程度。如果可以完全访问软件的源代码（理想情况下注释良好）、规范、设计等技术文档，则测试者就能够对软件的安全性及其开发和运行的假设有详细的了解。

如果只有可编译的可执行文件和提供商提供的文档，测试者则需要通过测试执行条件、输入条件及输入响应等推断出其需要的信息。

测试计划的关键就是定义测试、测试场景和测试数据，使测试者能够对软件的安全性做出可靠的判断。测试计划应包括：

● 安全测试案例和场景（基于误用/滥用用例及使用软件安全需求规范制定的攻击模型）；

● 测试数据（包括正向数据和反向数据）和测试期望；

● 确定测试工具和集成测试环境或"生态系统"；

● 测试成功/失败的评判标准；

● 测试报告模板。

在软件生命周期早期的误用和滥用用例及攻击/威胁模型，也为安全测试场景、测试案例和测试预测提供了基础。如前所述，攻击模式可以为这些案例和模型中的大部分恶意输入提供基础。

测试环境应尽可能地与软件预期的执行环境相同，且应完全独立于开发环境。如果将软件从一个环境传输到另一个环境时需要网络连接，那么一旦传输结束，应切断该网络连接。将软件从生产环境转移到部署环境中的所有安全措施，以及为确保执行环境一致性而采取的所有措施和预期假设，都应被重复验证。这些措施将确保被测软件的测试结果尽可能展现其在"真实世界"中的行为。

同时，所有测试数据、测试工具、集成测试环境，以及测试计划本身和所有测试结果（包括原始结果和测试报告）等，都应在严格的配置管理控制下进行维护，以防被篡改或破坏。

7.2.2　测试时机

软件测试通常受资金、项目期限或其他因素所限制。制订测试计划时需要考虑测试可能会因资源不足而中断，因此应对测试项目按照重要性进行排序。若已经完成了最关键的测试，但想减少测试时间和资源，则可以删除不关键的测试。如果不知道测试内容的重要程度，或者已做测试都是很简单但不关键的测试，则不能随意删除测试。测试的时间安排如图 7-3 所示。

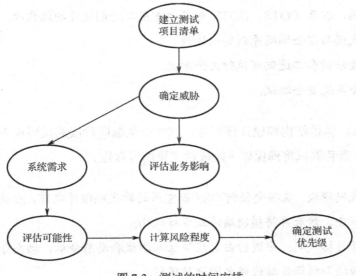

图 7-3　测试的时间安排

测试计划可以依据标准（如软件文档 IEEE 标准 Std.829），也可以基于内部模板组织，但测试计划一定要获得测试团队的认可。一个测试计划可以长达几百页，也可以简单得只有一页纸。详细的测试计划可以包含对待测系统的全面分析，而且对于项目的下一阶段工作也有帮助。但是，测试同时也会耗费一定资源，有可能将工作量浪费在已过时的风险上。除合同和法律规定的内容外，测试团队应当决定测试计划停留在什么级别才不至于造成项目延期。

实践证明，在软件生命周期的早期发现问题，比在实施后或部署后发现问题更容易纠正，且成本更低。安全测试团队应尽可能在软件生命周期的早期开始介入，并且应该持续迭代，直到软件"退役"。

图 7-4 显示了不同生命周期阶段不同安全测试的建议。

安全测试在整个软件生命周期中的分布包括：

● 需求规格说明、体系结构、设计和开发过程/控制的安全评审。这包括验证设计是否符合安全设计原则。
● 源代码的安全审查，包括定制开发的代码、开源代码、重复使用的遗留代码，以及 COTS、GOTS 和其他重用二进制组件的源代码。这包括验证代码与安全编码原则的一致性。
● 黑盒分析和二进制可执行文件测试。
● 整合系统安全测试。

除规范、体系结构和设计评审外，软件安全编码阶段的代码审查及测试阶段的代码审查和测试将确保以下阶段性成果的可靠性。

● 源代码模块：在接受任何 OSS 或重用的源代码组件之前，应执行代码安全审查，然后再将模块编译成目标代码；
● 编译目标代码：应进行白盒故障注入测试和动态分析，动态分析在源代码模块和编译目标代码之间进行跟踪；

- 功能子系统和组件：应进行黑盒故障注入测试和故障传播分析；
- 集成软件系统、预部署：应进行漏洞扫描；
- 集成软件系统、部署后：应进行渗透测试，以及迭代漏洞扫描和事后诊断分析。

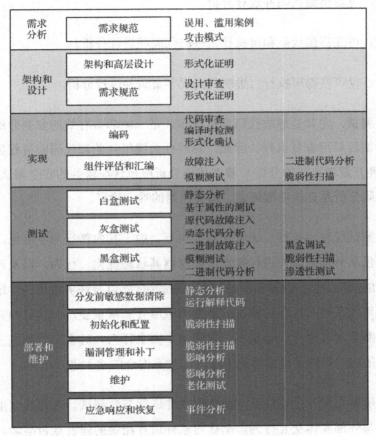

图 7-4　不同生命周期阶段不同安全测试的建议

对于所有非自开发组件，应在购买/使用前进行安全评估和测试。

请注意，如果专业知识不足，安全测试则可能需要外包给专业代码安全审查人员和软件安全测试者。即使在专业知识足够的情况下，作为独立验证（IV&V）的附加安全测试也是一个非常好的措施，因为独立测试者更容易发现内部测试人员忽视的问题。

7.3 软件安全测试技术

白盒：可获得源代码并进行分析。

灰盒：可获得源代码和可执行二进制代码并进行分析。

黑盒：仅可获得可执行二进制代码或字节码并进行分析。

白盒测试，尤其是静态代码分析技术，是一种非常有效的安全分析技术，它在软件编写后可重复执行。因此，对软件关键组件的源代码应进行独立性分析（非软件开发者执行的分析），静态代码分析应包含在软件的安全测试计划中，因为源代码分析是直接追溯问题、修复问题的唯一途径。

黑盒测试仅在可执行二进制代码上执行。由于其内部行为不可见，因此，这些测试仅从外部对软件进行操作，以观察其状态变化、行为，以及对外部环境和输入的响应。对于 COTS 和 GOTS 二进制组件（以及许多重用的传统组件），黑盒测试可能是唯一可行的测试。黑盒测试尽管非常重要，但其目的并不是为了识别漏洞并对其进行代码重写，以消除不安全行为。对于黑盒测试发现的问题，主要的应对措施是提供解决方案，如对不安全的输入进行过滤。

应对所有定制开发软件及开源代码软件进行灰盒测试。灰盒测试主要通过观察软件与外部实体交互行为，确认与软件运行相关的假设是否准确。因为仅通过白盒测试无法对软件的交互行为和运行环境进行完全的仿真。

7.3.1 白盒和灰盒测试技术

白盒测试的基本原理如图 7-5 所示。白盒测试需要访问源代码，可以检测程序中由内部人员植入的嵌入代码问题，如木马、逻辑炸弹、仿冒代码、间谍软件、程序后门等。

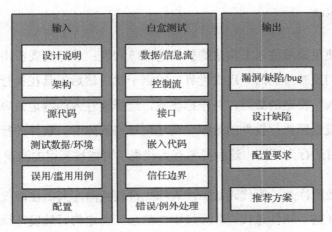

图 7-5　白盒测试的基本原理

白盒测试可以在代码开发完成后的任何时间进行，建议最好在单元测试期间进行，以便尽早发现源代码中的缺陷，减少修复成本。

灰盒测试介于黑盒测试和白盒测试之间。灰盒测试除了重视输出相对于输入的正确性，也看重其内部表现。但是它不可能像白盒测试那样详细和完整。它只是简单地靠一些象征性的现象或标志来判断其内部的运行情况，因此在内部结果出现错误，但输出结果正确的情况下可以采取灰盒测试方法。因为在此情况下灰盒比白盒高效，其比黑盒适用性广的优势就凸显出来了。

1. 源代码故障注入

故障注入起源于软件安全团体发起的一项测试技术，它通过在组件间产生互操作性问题，并模拟执行环境中的故障，从而发现传统测试技术无法发现的安全问题。安全故障注入通过添加错误注入来扩展标准的故障注入，使测试者能够分析软件暴露在各种环境时的行为和状态变化。这些变化旨在模拟执行错误期间导致的故障，以及通过环境对软件进行的攻击或对环境本身的攻击。

故障注入只是执行环境传递给软件的数据变更，或者某一软件组件传递给另一软件组件的数据变更。故障注入可以发现安全故障对单个组件行为及整个软件行为的影响。

测试者使用故障注入工具来维护候选故障列表：故障列表应由安全专家开发，以便它们反映可能的"现实世界"数据干扰。然后工具在执行代码中的任何一点"注入"特定的故障，并根据参数，选择要注入的特定故障。每个故障旨在修改环境返回执行软件的数据。当遇到这些故障时，软件的行为可能与接收正常数据时的行为不同，这种异常行为代表了可能被利用的漏洞。

有两种故障注入：源代码故障注入和二进制故障注入。在源代码故障注入中，测试者（基于软件源代码和环境中的信息）决定何时触发环境故障。通过将故障插入程序中来"测试"源代码，以反映由这些故障导致的环境数据变化。然后编译和执行检测到的源代码，并且观察软件的状态。通过这种方式，测试者可以观察由于软件环境变化（包括与故意错误和故障相关的类型变化）所导致的软件安全状态变化。

在源代码故障注入期间还可以分析故障传播的方式。故障传播分析涉及两种源代码故障注入技术：扩展传播分析和接口传播分析。这两种技术的目标都是跟踪由给定故障导致的状态变化是如何传播的。

为了进行故障传播分析，测试者必须从程序的源代码中生成故障树，然后跟踪每个注入故障在树中传播的方式。由此可以向外推断，以预测特定故障可能对整个软件的行为造成的整体影响。

故障树分析（Fault Tree Analysis，FTA）是一种失效分析，一个系统不希望出现的状态通过使用布尔逻辑组合一系列事件，从而进行分析。这种分析方法主要应用在安全工程领域中，从数量上来确定一个安全危害的可能性。它是自顶向下的演绎性方法，先指出根事件，然后指出可能引发根事件的所有相关事件（第二层事件），这些事件间可以是与、或的关系。

树的构造方法是：将不良后果作为逻辑树的根，一般只有一个根，其他所有问题必须按照树形往下。然后，将可能导致这种影响的每一种情况作为一系列逻辑表达式添加到树上。当故障树用实际的故障概率来标记时，计算机程序能够从错误树中计算出故障概率。树通常采用传统的逻辑门符号写出。故障树分析如图 7-6 所示。

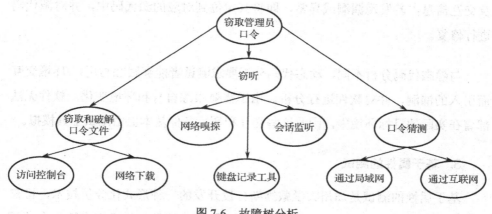

图 7-6　故障树分析

在接口传播分析中，主要关注组件与其他应用程序和环境之间的接口传播状态。与源代码故障注入一样，在接口传播分析中，故障被注入组件之间的数据中，使测试者能够查看故障如何传播及发现是否会产生新的故障。另外，接口传播分析使测试者能够确定某个组件的故障如何影响相邻组件，这是对组件提供保护的特别重要的决定。

源代码故障注入在检测指针和数组的不正确使用、危险调用及竞争条件时也非常有效。像所有源代码分析一样，在整个代码实现过程中可以迭代使用。当发现新的威胁（攻击类型和入侵技术）时，源代码可以用代表这些新威胁类型的故障重新进行检测。

故障注入测试的主要挑战是确定故障注入的数量和不同故障的组合，以及对故障注入测试结果的解释。另外，如果软件没有因为故障注入而导致非安全行为，或者未进入非安全状态，测试者也不能将其等价为软件能够在复杂的运行环境中"良好运行"。因此，将软件部署于实际的环境中进行安全测试，对于软件的安全评估至关重要。

2. 动态代码分析

动态代码分析需要软件保持在运行状态，测试者跟踪运行代码的外部接口及交互信息，若发现漏洞或异常，即将其定位到对应的源代码中，并对源代码进行修复。

与静态代码分析不同，动态代码分析要求测试者能够跟踪与用户/环境交互而引入的漏洞，并对软件进行分析。由于需要跟踪自身和环境变化，软件无法部署在实际的目标环境中，因此这些交互和环境条件基本上由测试工具模拟。

3. 基于属性的测试

基于属性的测试是加州大学戴维斯分校开发的一种形式化分析技术，旨在软件功能实现后，检查源代码是否实现了安全相关属性，如不存在不安全的状态更改。因此，基于属性的测试主要将实现代码与软件需求规范、设计进行比较，以帮助测试者确定预期的安全属性是否与实际的实现代码保持一致。

基于属性的测试非常耗时，因此与直接代码分析相比，它主要用于对小部分安全关键代码进行分析。为了确保有效性，基于属性的测试必须经过验证。

7.3.2　黑盒测试技术

黑盒测试是把程序看成一个黑盒子，完全不考虑程序的内部结构和处理过程的测试方法。它只检查程序功能是否能按照需求规格说明书的内容正常使用，程序接收输入数据是否产生正确的输出信息，并且保持外部信息的完整性。

黑盒测试也被称为零知识评价，因为测试者对于被测软件的内部工作原理了解非常有限。执行黑盒测试的人员不掌握软件的架构和设计文档、配置信息或软件的源代码。被测软件基本上被看作一个"黑盒子"，其原理如图 7-7 所示，测试者通过对输入信息和输出响应进行分析来判断软件的安全性。在黑盒测试中，通常测试人员需要输入非正常数据，如果使软件产生异常，则认为发现了一个安全漏洞。

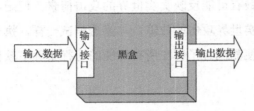

图 7-7　黑盒测试原理

黑盒测试可以在软件部署之前进行，也可以在部署之后周期性地进行。软件部署前的黑盒测试用于主动识别和解决安全漏洞问题，因此减小了软件被黑客攻击的概率与风险。软件部署后的黑盒测试主要出于两个原因，一是帮助发现存在于部署的软件产品或实际运行环境中的漏洞；二是证明软件安全控制和保护机制的效果。由于在软件开发生命周期的早期阶段，识别和修复软件安全问题所花费的成本相对较低，因此建议在软件部署前执行黑盒测试。但在这一时期进行黑盒测试，无法覆盖实际系统运行环境中的安全问题，所以当采用部署前的黑盒测试方案时，可以采用被部署产品环境的镜像或模拟测试环境进行测试。

在黑盒测试中，由于只能获得软件的二进制可执行文件并进行分析和测试，因此，对于绝大多数 COTS 和 GOTS 软件，黑盒测试也是唯一可行的测试。但是，对于自定义开发软件或开源代码软件，也应进行黑盒测试以验证其安全性。

1．二进制故障注入

作为渗透测试的辅助技术，二进制（机器码）故障注入非常有用，它能够使测试者了解软件如何对攻击行为进行响应。

由于软件通过操作系统调用、远程过程调用、应用程序接口、人机界面等与其执行环境交互，二进制故障注入需要在运行环境中监视软件的行为。例如，通过监视系统调用，测试者可以了解系统调用的名称、调用的参数及返回代码。

在二进制故障注入中，故障被注入程序的运行环境中。环境故障特别有助于模拟，因为它们最有可能反映真实世界的攻击情景。但是，注入的故障不应局限于那些模拟真实世界攻击的故障。与渗透测试一样，执行的故障注入场景的设计，应尽可能使测试者了解在所有可能的运行条件下软件系统的行为、状态和安全属性。

故障注入具有以下几个优势。

（1）能够模拟环境异常而不需要理解现实世界如何发生这种异常。这使得测试者可以不需要花费过多的精力对环境异常进行深入了解。

（2）测试者可以决定在哪些时间模拟哪些环境异常，从而避免出现在整个仿真过程中都触发异常，造成运行环境状态不可预测，或者未能产生预期的效果。

（3）与渗透测试不同，故障注入测试更容易自动化执行。

2. 模糊测试

与二进制故障注入一样，模糊测试通过软件的运行环境或其他软件组件，向软件输入随机的无效数据。模糊测试是通过一个"模糊器"来实现的。模糊器通常是一个程序或脚本，用于产生不同的输入组合，并监视软件如何响应。模糊器通常用于特定类型的输入，如 HTTP 输入，因此，模糊器不宜被重复使用。但是它们的价值在于其特殊性，因为它们通常可以发现通用测试工具，如漏洞扫描工具或故障注入工具无法发现的安全漏洞。

有效的模糊测试需要测试者全面了解被测软件及其与外部实体的接口，这些外部实体的数据由模糊器模拟。与其他安全测试一样，软件在模糊测试下的安全行为不应等价于软件在复杂的"真实世界"下的安全行为。

3. 二进制代码分析

对二进制可执行文件（机器码）进行逆向分析的工具包括反编译器、反汇编程序和二进制代码扫描程序，它们反映了不同的逆向程度。

最不具有侵入性的技术是二进制扫描技术。基于二进制扫描技术的程序（如Veracode）会分析被测软件的机器码，并对其行为、控制和数据流、调用树和外部函数调用进行建模。然后通过漏洞扫描器遍历该模型，并对发现的漏洞进行定位。源代码发射器（Emitter）可以使用该模型来生成可读源代码，并通过代码审查发现设计中的安全漏洞，以及自动扫描器无法发现的后门。

另一种不具有侵入性的技术是反汇编，在该技术中，二进制代码被反编译为汇编程序。反汇编分为静态反汇编（Static Disassembly）和动态反汇编（Dynamic Disassembly）。静态反汇编指在反汇编过程中代码被分析但不执行。动态反汇编指在分析过程中，程序有输入并被执行，执行的过程被外部工具（如调试器）监控，以发现当前正在执行的指令。反汇编的缺点是汇编代码只能由专业人员进行分析，因为只有他们才能理解特定的汇编语言，发现汇编程序中存在的安全问题。

最具有侵入性的逆向工程技术是反编译，其中二进制代码被反向编译为源代码，然后可以使用与源代码相同的安全审查技术和白盒测试技术。但是，反编译技术并不完美，通过反编译技术产生的源代码质量通常很差。此类代码很少像原始代码一样易于理解，并且可能无法准确反映原始代码的设计目的。当采用代码混淆技术或使用优化编译器生成二进制代码时，反编译的效果可能非常差，通常导致无法生成有意义的源代码。无论采用何种技术，反编译代码的分析总比原始源代码的分析更加困难和耗时。基于这个原因，反编译仅用于对最重要的组件进行分析。

4. 字节码扫描

Java 语言被编译成独立于平台的字节码格式。原始 Java 源代码中包含的大部分信息都保存在编译的字节码中，因此攻击者可以轻松进行反编译。字节码扫描使测试者能够检查字节码中是否存在有用的信息。

5. 黑盒调试

当只有二进制文件可用，特别是当该二进制文件是从没有编译器符号或调试标志集的代码编译而来时，传统调试是不可能的。但是，黑盒调试提供了一种技术，分析人员可以在软件执行时监控二进制文件或系统外部的行为，从而观察该组件与外部实体之间传输的数据。

通过观察数据如何通过软件边界，分析人员还可以确定如何操作外部数据来使软件停止执行某些操作，或造成软件失败，从而揭示错误和故障不是由软件本身产生的，而是由外部实体或不正确的编程接口造成的。

6. 漏洞扫描

应用软件、Web 服务器、数据库管理系统和某些操作系统均支持漏洞扫描。使用漏洞扫描工具对软件进行安全性测试是最有效的测试方法之一。这些工具对软件进行扫描，并分析其与已知漏洞的关系。漏洞扫描工具采用模式匹配的方式工作，它将漏洞库中的漏洞模式与软件的具体实现相比较并进行分析，从而发现潜在的漏洞。

虽然漏洞扫描工具可以找到某些漏洞，但这些漏洞通常都是"简单"漏洞，漏洞扫描工具无法发现"组合"漏洞，即无法识别由不可预知的输入和输出模式组合而导致的漏洞。

除基于签名的扫描外，一些 Web 应用漏洞扫描工具还尝试使用侦察攻击模式和模糊测试技术来执行"自动化应用程序安全评估"，以"探测" Web 应用程序中常见的漏洞。像基于签名的扫描技术一样，状态评估扫描工具只能检测已知的漏洞。

典型的漏洞扫描工具只能识别大型应用程序中存在的部分漏洞：它们专注于修补那些真正需要修补的漏洞，而不是那些可以通过补丁进行修补的漏洞。与其他基于签名的扫描工具一样，应用程序漏洞扫描工具通常具有较高的误报率，除非测试者对其进行调整，但这也可能造成其产生过高的漏报率。在这两种情况下，测试者必须具备足够的软件和安全专业知识来解释扫描器的结果，以消除误报和漏报。这就是为什么需要使用各种方式对软件进行安全性测试，以发现潜在漏洞，因为任何单一的方式都不可能发现所有漏洞，而采用组合的方式可以大大增加发现漏洞的可能性。

由于自动漏洞扫描工具是基于签名的，就像病毒扫描工具一样，它们需要经常进行更新。选择漏洞扫描工具的两个重要准则是签名数据库的规模，以及供应商是否及时更新签名数据库。

在以下情况下，漏洞扫描工具最为有效。

● 在使用某软件之前对其进行安全性扫描；
● 在进行渗透测试之前，首先使用漏洞扫描工具发现常见漏洞，从而在渗透测试中不需要检测这些漏洞，降低渗透测试的成本。

需要注意的是，某些软件由于受到了其运行环境的保护，例如，在运行环境中部署了网络和应用级防火墙，那么软件的漏洞有可能会被掩盖。此外，运行环境可能会产生漏洞扫描工具无法发现的漏洞，因此必须结合其他黑盒测试，如渗透测试来发现漏洞。

如前所述，除应用程序漏洞扫描工具外，还有用于操作系统、数据库、Web服务器和网络的扫描工具。这些扫描工具主要关注配置缺陷和信息安全相关漏洞。虽然这些扫描工具通常用来查找软件运行环境中的漏洞，如缓冲区溢出、竞争条件、特权升级等，但是也可以通过它们发现运行环境与托管应用程序接口上的问题，确认如何利用运行环境发起对应用程序的攻击。

7. 渗透测试

在渗透测试中，整个软件运行在"真实"的环境中。渗透测试的目的是确认软件是否能够抵御攻击，同时，对于其无法抵御的攻击，观察其如何操作。渗透测试通过模拟恶意用户的攻击方法来评估系统的安全状况，该过程包括对系统弱点、技术缺陷或漏洞的分析。渗透测试是一个逐步深入的过程，测试时一般不会对业务系统的正常运行造成影响。渗透测试发现的问题都是客观存在的，也较为严重，但是它只能覆盖有限的测试点。渗透测试主要模拟真实场景，分析入侵者可能的攻击途径，系统部署完成后才能进行测试。渗透测试可以选择使用自动化测试工具，测试人员的能力和经验也会直接对测试效果产生影响。

渗透测试应集中在系统层的行为和交互，而这方面的漏洞无法通过其他测试获得。渗透测试者应该对系统进行复杂的多模式攻击，旨在触发系统组件（包括非连续组件）中复杂的行为，因为这些行为是任何其他测试技术无法实现的。渗透测试还应该尝试找出可能源于软件体系结构和设计方面的安全问题，因为这类问题往往会被其他测试技术忽略。

渗透测试计划应包括"最坏情况"，以重现那些被认为是具有高破坏性的攻击行为，如内部威胁场景。测试计划应该包括：

● 系统应该遵守或执行的安全策略；

● 对系统的预期威胁；

● 系统可能面临的攻击序列。

渗透测试常用的技术包括：爬虫（spidering）、查询已知易受攻击的脚本或组件、目录遍历、运行输入验证检查，以及使用爬虫的结果来确定漏洞注入点，如 SQL 注入、跨站点脚本、CSRF、命令执行等。

7.4 重要的软件安全测试点

7.4.1 输入验证测试

大多数软件安全风险都可以用输入验证方法进行某种程度的缓解，这意味着如果在接收输入数据进行处理之前能够执行输入验证，那么缓冲区溢出、注入缺陷、脚本攻击等都可以被有效地缓解。

在 C/S 环境下，最好是在客户端和服务器端均执行输入验证测试。客户端输入验证测试更关注性能和用户体验而不是安全性。如果时间或资源只允许在一端执行输入验证测试，那么应保证在服务器端进行测试。

输入数据的属性，如范围、格式、数据类型及数据值等都需要被测试。当这些属性已知时，输入验证测试可以用模式匹配或 Fuzzing 技术来实现。正则表达式（RegEx）可以用于模式匹配以验证输入的正确性。测试需要确保白名单输入被允许而黑名单输入被拒绝，输入验证测试不仅要包括白名单和黑名单，而且必须包括这些名单的防篡改保护。

对输入数据的语法测试根据被测软件的功能接口的语法生成测试输入，检测被测软件对各类输入的响应。接口可以有多种类型，如命令行、文件、环境变量、套接字等。语法测试基于这样一种思想，软件的接口或明确或隐含地规定了输入的语法，语法定义了软件接收的输入数据的类型和格式，可采用 BNF 或正则表达式。语法测试的步骤包括识别被测软件接口的语言，定义语言的语法，根据语法生成测试用例并执行测试。

用于语法测试的测试用例应当包含各类语法错误、符合语法的正确输入，以及不符合语法的畸形输入等。通过查看被测软件对各类输入用例的处理情况，确定被测软件是否存在安全缺陷。语法测试适用于被测软件有较明确的接口语法，易于表达语法并生成测试输入用例的情况。语法测试结合故障注入技术可得到更好的测试效果。

7.4.2 缓冲区溢出测试

将数据写入缓冲区时，写入的数据不能超出缓冲区所能存放的最大数据长度。如果正在写入的数据量超出已分配的缓冲区空间，就会发生缓冲区溢出。当发生缓冲区溢出时，会将数据写入可能为其他用途而分配的内存空间中，导致数据被覆盖；最坏的情况是缓冲区溢出数据中包含恶意代码。

由于缓冲区溢出漏洞的后果是非常严重的，因此必须对软件缓冲区溢出漏洞控制的效果进行测试，以确保软件能够抵御缓冲区溢出攻击。缓冲区溢出控制测试可以采用白盒测试，也可以采用黑盒测试，其中黑盒测试缓冲区溢出漏洞控制可以采用 Fuzzing 测试，白盒测试则包括以下几项验证。

- 确保输入数据被过滤，并且大小是有效的；
- 执行内存分配的边界检查；
- 数据类型的变换要明确地进行；
- 不能使用被禁止的和不安全的 API；
- 代码要在编译转换器中进行编译，以保护栈或实现地址空间分布随机化。

7.4.3 SQL 注入缺陷控制测试

SQL 注入攻击是一种常用的黑客攻击手段，采用用户提供的输入数据作为一个命令或命令的一部分，通过系统返回结果获得某些攻击者想要的信息。

输入验证在对数据进行正式处理之前，对用户输入数据的合法性进行判断，是一种有效的预防 SQL 注入缺陷的手段。为了测试 SQL 注入缺陷控制的效果，首先要判断输入数据的来源及软件即将连接的后端存储和命令的环境，这些来源可以是认证格式、搜索输入域、页面隐藏域、地址栏中的查询字符串等。一且这些来源被确定之后，就可以进行输入验证，通过测试保证软件不容易受到注入攻击。

7.4.4　XSS 脚本攻击控制测试

当用户提供的输入在客户端执行时，如果缺少输出过滤机制，就可能发生脚本攻击。因此，测试时需要对预防脚本攻击的控制效果进行验证，内容包括：

- 通过模拟逃避输入或对输入进行编码，以确保输出数据在被传送到客户端之前已经过滤；
- 对于用户的访问请求和输入信息使用与当前上下文相关的白名单，该名单保存了最 新的脚本攻击签名及其他可替代的格式；
- 脚本不能够被注入，输入数据来源一端也不能注入与输入数据相关的响应信息；
- 只有获得批准的有效文件才能被允许上传和处理；
- 安全库文件及安全浏览器设置不能被绕过；
- 如果浏览器设置中禁用活动脚本，软件仍然能够按照业务预期的功能正常工作；
- 从客户端代码或脚本不能访问状态管理项目，如服务器端 Cookies。

7.4.5　抗抵赖控制测试

可以通过适当的测试用例来验证基于会话管理和审计的抗抵赖控制的效果。测试应该能够验证审计轨迹，并能准确地判断动作者及其动作，实现这一目标的前提是必须保证滥用用例能够产生适当的可审计轨迹。如果审计工作可以自动进行，那么测试要保证攻击者不能访问这部分自动审计代码。

安全性测试应该能够验证用户的活动是唯一的、受保护的和可跟踪的，测试用例还应该包括对于审计轨迹的保护和管理机制的验证，以及审计日志的完整性测试。

7.4.6 失效控制测试

由于偶然的用户错误和故意的攻击很容易导致软件失效。软件测试的目的一是保证其质量，使得软件不会在功能上失效；二是要验证其安全性。需求缺失、被遗漏的设计和代码错误都会导致缺陷，进而引发软件失效。失效测试要判断软件失效是否是多个缺陷共同作用的结果，或者单个缺陷是否会产生多种失效的后果，以及软件失效之后的错误和例外处理控制的情况。软件失效控制测试包括以下内容。

1. 失效安全控制测试

测试需要验证软件失效时，软件自身或者所处理的数据的保密性、完整性和可用性保护机制是否被执行，尤其要关注认证过程的验证情况。使用测试用例证明账户锁定机制是否正常运转，当被批准的认证配置数量超过最大限度时，一定要拒绝默认情况下的访问。

2. 错误和例外处理控制测试

错误测试包括对错误详细信息的发送和封装情况进行测试。测试时首先试图使软件失效，当软件失效时，错误的消息需要被检查以保证它们不会泄露任何不必要的细节信息。保证测试需要验证例外处理的情况，相关详细信息需要使用由用户自定义的消息格式进行封装并重定向。如果软件配置被设置为允许显示错误和例外的细节信息给一个本地用户，但是却将一个远程用户重定向到一个默认的错误处理页面，那么错误和例外处理测试需要对本地用户及远程用户都进行模拟。

如果错误和例外被记录以生成审计轨迹，那么在用户端显示的错误消息应该仅仅是一个参照标识符，比如显示"404 错误"。这种情况下需要确保参照标识符与实际的错误或例外之间的映射关系受到保护，这些测试也需要进行。

7.4.7　优先权提升控制测试

优先权提升控制测试的目标在于验证用户或进程不能够访问比被允许的权限更多的资源或功能。优先权提升可以是垂直提升，也可以是水平提升，或者两个方向都提升。垂直优先权提升是指拥有较低权限的主体（用户或进程）通过利用某种应用漏洞或手段，提升为拥有更高级别的用户访问权限，以访问那些拥有更高权限的主体才能访问的资源。例如，一个非管理员权限提升为管理员或超级用户权限。水平权限提升是指主体非法访问具有相同优先权水平的其他用户才能访问的资源。例如，一个在线银行用户能够查看其他在线银行用户的账户。

不安全的直接对象引用缺陷和具有不完全中介功能的编码 Bug 都会导致优先权的提升，所以需要进行参数的操作检查以验证优先权不能够被提升。例如，在 Web 应用中 Post（Form 格式）和 GET（查询字符串 Querystring）参数都需要被检查。对于优先权提升控制测试，通常从以下几个方面进行。

- 页面是否进行了权限判断；
- 页面提交的资源标识是否与已登录的用户身份相匹配；
- 用户登录后，服务器端不应该再以客户端提交的用户身份信息为依据，而应该以会话中保存的已登录的用户身份信息为准；
- 必须在服务器端对每个请求进行鉴权，而不能仅仅通过客户端的菜单屏蔽、禁止按钮或隐藏功能来限制。

7.5　解释和使用测试结果

每次测试完成后，测试结果和被测软件信息都应被纳入配置管理系统。

基于需求和基于风险的软件安全测试结果应该为软件开发者提供足够的信息，以便：

（1）标识缺失的安全需求，并评估：如果安全规范不添加这些需求，并且软件未采取修正措施，将会造成哪些安全风险。这些需求可能包括安全约束、安全对策、消除或减轻脆弱点的保护方法、不安全行为或状态变化。

（2）确定满足新要求所需的工作量。

请注意，即使软件成功通过了所有的安全测试，也并不意味着软件在部署中不会出现新的攻击模式和异常情况。因此，在整个软件生命周期中进行迭代测试是确保其安全状态不会随着时间而降低的必要条件。

第8章 安全交付和维护

软件发布后，由于运行阶段错误而导致的软件安全问题在所有安全问题中占有较大比重。研究显示，现有应用系统中由于安全配置错误导致的安全漏洞已经成为系统漏洞的主要来源之一。本章重点介绍软件开发生命周期中的部署安全和项目管理安全相关内容。软件部署安全部分首先阐述软件安全部署的过程，其次介绍应用软件和基础环境软件的安装配置及常见漏洞处理方法，最后给出安全部署案例。针对软件的项目管理，本章讨论项目管理中与安全有关的关键因素，介绍团队建设和风险管理在项目管理中的作用。

8.1 分发前的准备

软件分发前，建议执行如下行为。

1. 默认配置设置

默认配置应尽可能安全，并采用最大限度的安全约束，尽可能以默认配置分发所有软件。撰写一组安全配置指南文档，与软件一起交付，解释与每个可能的安全默认值相关的风险，包括：

● 将软件环境的默认参数设置为不同于在开发环境中的值，以阻止开发者在软件安装后能够看到已部署软件的细节信息。

● 将所有默认账户口令设置为不可预知的值。此外，软件应强制管理员或用户在首次使用时重置默认密码。在第一次使用后，应无法保留默认密码。

● 对于管理员之外的其他角色，将软件的可执行文件的默认权限设置为"仅执行"。

2. 提供默认口令

以"带外"并使用加密方式提供默认口令，与软件分发分开。

3. 提供自动安装工具

提供一个自动安装工具，该自动安装工具应提供对话框，引导安装器将操作系统目录权限设置为最低权限。

● 为将要运行安装和配置程序、工具和接口的人员建立强身份验证手段。软件本身及其安装程序都不应使用默认口令进行安装。相反，应为每个软件分配唯一的强口令。此口令应通过不同的方式交付给购买者，如通过加密电子邮件或邮寄进行交付，不应随软件一起交付。

● 工具或安装脚本提供的配置界面应清晰。配置示例（如果有的话）应包含清晰的注释，以帮助管理员准确了解配置功能。如果软件有配置界面，则该界面的默认访问权限应禁止除管理员以外的任何角色访问。

4. 检查并清理所有用户可查看的源代码

检查并清理所有用户可查看的源代码（如客户端 Web 应用程序代码），并根据需要限制对源代码的复制。

5. 审查和清除用户可见的源代码

如果客户端浏览器包含诸如"查看源代码"之类的功能，则应检查这部分可见代码，确认攻击者不能通过它们了解平台目录结构的细节信息、判断是否包含已知漏洞或用于社会工程学攻击。

在可视 HTML 和脚本中不应包含以下内容。

1）敏感注释

敏感注释包括关于文件系统目录结构的信息、与软件开发相关的信息、软件的配置信息、版本信息（COTS 和 OSS 组件）、Cookie 结构或关于代码开发者的个人隐私信息（名称、电子邮件地址、电话号码等）等。特别需要注意的是源代码中的注释，攻击者可以使用 Web 浏览器查看这些注释。

用户可查看的源代码中可能包含以下类型注释。

● 结构化注释：由开发团队成员书写在源代码页的顶部或脚本语言与后续标记语言之间，以告知其他开发者该代码实现的目的或功能。
● 自动注释：许多商业 Web 应用程序会自动将注释添加到源代码中，这些注释包含了程序的版本信息。攻击者可以利用这些信息判断其是否包含已知漏洞。
● 非结构化注释：开发者插入非结构化注释以帮助记忆，如"以下隐藏字段必须设置为 1 或 XYZ.asp 中断"或"不要更改这些表字段的顺序"。这些注释可能为攻击者提供重要信息。

例如，下述的 HTML 注释存在安全问题。

<!—#exec cmd="rm -rf /"—>

<!—#include file="secretfile"—>

可以编写过滤器来查找和删除源代码中用户可见的注释。

2）路径名引用

路径名引用可以揭示关于主机目录结构的重要细节，以及主机环境组件的版本信息。攻击者可以此判断 COTS 或 OSS 组件的版本是否包含已知漏洞。因此，应检查数据库中嵌入式 SQL 查询语句，确保它们不引用特定的关系数据库管理系统版本信息。

　　如果软件调用库或其他组件，则该调用应是确定的，应使用完整的路径名，而不使用相对路径（指向当前目录），也不应该包含对路径的依赖或搜索（这些构造易受跨站点脚本、目录遍历等攻击的影响）。

　　其他需要关注的是那些指示目录的路径和隐藏路径，这些路径目录不需要被用户访问。如果软件中包含用户可查看的源代码，而所有路径名/统一资源标识符（URI）引用指向了未使用或隐藏的文件，那么这些文件可能在枚举攻击中被利用，使攻击者能够搜索有用信息从而构建攻击。

　　3）明确和隐含的调试信息

　　Web 应用应对用户提交的 URL 或 URI 中的名称-值进行验证。由于此验证，URL/URI 有时包含嵌入式命令，如 debug = on 或 Debug = YES。例如，对于以下 URI：

　　http://www.creditunion.gov/account_check?ID=8327dsddi8qjgqllkjdlas& Disp = no

攻击者可能会拦截并将其更改为：

　　http://www.creditunion.gov/account_check?debug=on&ID=8327dsddi8qjgqllkjdlas& Disp = no

　　由于插入了"debug = on"命令，将导致程序进入调试模式，使攻击者能够观察程序行为，从而寻找可利用的脆弱点。

　　调试结构也可以植入在客户端返回给服务器的 Web 表单、可扩展 HTML（XHTML）或通用网关接口（CGI）脚本代码中。攻击者只需将另一行元素添加到表单的架构中以适应调试结构，然后将该结构插入表单中即可。这将与上面的 URL/URI 攻击相同。

　　如果用户可查看包含隐含调试器指令的源代码，如 HTML/XHTML、Java Server Pages（JSP）或 ASP（Active Server Pages）中的 Web 页面及脚本，则此

类嵌入式命令可以被攻击者利用并发起攻击。使用 JSP 或 ASP 时，这些注释可能会展示给用户，并为攻击者提供有用信息。

例如，对于一个 HTML 页面，如果包含一个名为"mycheck"的元素，则该名字应掩盖这个隐含调试器的目的：

```
<!- begins ->
<TABLE BORDER=0 ALIGN=CENTER CELLPADDING=1 CELLSPACING=0>
<FORM METHOD=POST ACTION="http://some_poll.gov/poll?1688591"
TARGET="sometarget"  MYCHECK1="666">
<INPUT TYPE=HIDDEN NAME="Poll"  VALUE="1122">
<!- Question 1 ->
<TR>
<TD align=left colspan=2>
<INPUT TYPE=HIDDEN NAME="Question"  VALUE="1">
<SPAN class="Story">
```

4）硬编码凭证

即使通过 SSL/TLS 对连接进行加密，也不应在 Web 应用程序中使用基本身份验证。但是，如果使用了基本身份验证，则硬编码凭据可能会出现在应用程序的 HTML、XHTML 页面或其他用户可查看的源代码中。这些凭证必须由测试者进行标记，以便在部署之前将其移除。

5）数据收集陷门（trapdoors）

必须对不符合政策或标准要求的 Cookies 及试图收集或篡改隐私数据的网络错误、间谍软件进行定位。应检查 HTML/XHTML 代码中的所有<IMG>标记以确保它们不会出现 Web 错误。

源代码审查人员还应留意任何其他可能被攻击者利用来攻击软件、软件中的数据或软件运行环境的信息。

6）防止网页源代码泄露

除从用户可查看的源代码中移除敏感信息外，还可以使用一些访问控制措施来防止这些代码被复制或滥用。即使这些技术不能阻止用户查看源代码，如攻击者可以打印网页内容并对其进行扫描和识别，但是，这足以阻止那些临时攻击者的以下行为。

- 复制 HTML 源代码；
- 剪切和粘贴文本内容；
- 屏幕截图。

应禁止用户复制可查看的 HTML 内容（包括可查看的源代码），可以使用支持源代码加密的 HTML 制作工具或附加组件（如 Authentica 的 NetRecall、Andreas Wulf Software 的 HTML Guard）。

然而，Web 服务器无法阻止浏览器显示 HTML 源代码。用户可以选择在浏览器中关闭源代码查看，但这不能由服务器控制。如果 HTML 源代码查看被视为主要问题，那么应将网站的主要元素（导航、标题等）编码到 Java 小程序中，而不使用 HTML。与 HTML 源代码不同，Java Applet 源代码及 CGI 源代码不能使用浏览器的 VIEW SOURCE 函数显示。

更有效的方法是将文本文档转换为图像文件，从而绕过任何基于文本的过滤软件。尽管可以复制和粘贴这些图像文件，但文本信息不能以电子方式提取。

为了防止浏览器捕获屏幕，需要编写一个插件，用于封装实现浏览器屏幕捕获功能的系统级命令。当将该插件安装在浏览器中时，将有效地禁用这些命令，从而防止屏幕捕获。

8.2 安全分发

实际上，安全分发已成为保护 COTS 软件免遭篡改（从供应商到消费者）

的标准方式，分发方式包括数据本身的防篡改、软件包装防篡改、只读存储介质、安全和可验证的分销渠道（如 HTTP-安全下载、注册邮件交付）及完整性保护机制（如散列和代码签名）。

1．保护在线分发

如果软件通过网络下载方式分发，则应建立一个受保护的分发渠道。这种保护至少应包括加密、数字散列和/或数字水印（要启用篡改检测）及数字签名。

有时可能需要对下载软件的用户进行身份鉴别，这种情况下，需要提供一种用户鉴别机制，如与个人相关联的姓名和订单号，数字版权管理机制也可用于防篡改。

虽然数字签名技术不能保证代码不是恶意的或者是没有错误的，但可以向实体（用户或进程）提供证据，保证代码来源可信。代码签名还包括了篡改检测机制。

2．保护离线分发

如果将软件存储在物理介质上，则最简单的防篡改方法是使用只读存储介质，如 CD-ROM。此外，也可能需要使用数字签名，以便安装人员验证 CD-ROM 上的代码来源的可信性，以及未被篡改。

8.3　安全安装和配置

软件安全安装和配置是保证软件正常使用的一个重要环节，即使软件的设计和开发非常安全，但如果其配置参数没有按照预期进行设置，则可能会导致系统数据或功能在未授权的情况下被访问、系统被攻击者控制、重要数据被窃取或修改等，而且修复的代价可能会很高。

总体来说，软件安全安装和配置应注意两个方面：一是应用软件提供商应当重视软件的安装及配置过程，将每个细节都记录到软件部署指南中，任何一个细节的遗漏都可能造成潜在的安全隐患；二是注重软件运行期间的漏洞监测与处理。由于威胁是动态的，很难彻底消除，因此要加强软件自身的漏洞监控功能，制订漏洞响应计划，并提供应急响应服务，以便及时安装补丁，将风险降至可接受的程度。

在实际软件部署中，一般措施包括：正确安装软件，安全配置应用项，安装应用软件补丁，提供应用软件使用和维护建议，做好应用软件中重要文件和数据的备份等。

在软件安装时应重置软件初始的默认参数，包括重新修改软件的账户、角色、组、文件系统目录等访问控制参数。

软件的安装指南应尽可能选用严格的配置参数，确保软件能够抵御预期的攻击。安装指南还应指导用户使用安全的安装过程，不仅仅是初始安装，还包括附加组件、更新、补丁的安装等。

理想情况下，配置过程要求管理员或用户在安装发生之前明确允许软件安装。这对于通过网络下载的软件特别重要。

如果有一个安全团队负责"锁定"执行环境，开发者应为该团队提供 COTS、GOTS、OSS 或传统执行环境组件的任何关于系统的配置设置。这些设置包括软件运行所需的所有环境约束，此外，还包括安全团队的标准"锁定"配置。同时，安全团队的开发者配置信息应记录任何违反"锁定"配置参数的情况。

8.3.1　初始化文件安全

一般情况下，软件安装会默认使用一个安装目录。攻击者容易猜测到软件会安装在该目录，进而分析特定的文件并发起攻击。从安全角度出发，软件提供商应允许用户更改软件的安装目录，将软件安装到用户指定的位置，用户也可以设定目标目录的访问权限，限制一般账号（包括系统账号）的访问权限。

　　管理员应在安装软件时配置最严格的访问控制策略，只有在软件进入生产阶段时才根据需要调整这些策略。"工作用户"和对"所有配置"的访问权限不应包含在软件的默认配置中。

　　许多软件在读取初始化文件时通常使用默认配置。为确保攻击者无法创建、更改初始化文件，应将文件存储在当前目录之外的目录。另外，应该从用户主目录的隐藏文件中加载用户默认值。如果软件在 UNIX 或 Linux 上运行并且是 setuid/setgid，则应配置为不读取用户控制的任何文件，而不必将该文件过滤为不可信输入。可信配置值应该从不同的目录加载（如从 UNIX 的/etc 中加载）。

8.3.2　安全假设验证

　　安装时，应指导管理员验证软件所做的所有安全假设是否有效。例如，管理员应检查系统的源代码及软件使用的所有库函数源代码是否由执行环境（OS）的访问控制机制进行保护。此外，在对环境安全机制做出任何假设之前，管理员应验证软件是否在预期的执行环境中安装。

8.3.3　删除所有未使用的文件

　　管理员应从软件的执行环境中删除所有不必要的（未使用或未引用的）文件，包括：

- 包含可利用漏洞的商业和开源软件；
- 隐藏或未引用的文件和程序（如演示程序、示例代码、安装文件）；
- 临时文件、与原文件存在同一台服务器上的备份文件；
- 动态链接库、扩展和任何其他类型的未明确允许的可执行文件。

　　如果主机操作系统是 UNIX 或 Linux，则管理员可以使用递归文件 grep 来发现所有未明确允许的扩展。

8.3.4　默认账户及口令更改

大部分 COTS 软件需要使用用户口令来登录或启动系统，许多软件配置一个或多个默认用户（有时是组）账户，如管理员、测试员、访客等。这些账户很多都具有默认口令。例如，SQL Server 早期版本安装完成后，开启了默认账号 sa，其口令为空，甚至一些防火墙和路由器也存在默认访问口令。这些默认访问口令容易受到口令猜测攻击，极大地降低了系统的安全性。因此，软件提供商应采取措施，确保软件安装完成后用户必须修改默认访问口令或默认账户。

8.3.5　删除未使用的默认账户

如果可能，应使用 Web 和数据库漏洞扫描工具来检测可能被忽略的默认访问口令。例如，在不破坏 Web 服务器的正确操作的条件下，"nobody"账户应该被重命名为其他名称。

为保证配置数据和 include 文件的保密性，应将 include 文件和配置文件放在 Web 根目录之外，以防止 Web 服务器误将这些文件作为网页提供。例如，在 Apache Web 服务器上，为.inc（include）文件添加以下处理程序：

```
<Files *.inc> Order allow,deny Deny from all</Files>
```

该命令将 include 文件放入受保护的目录（如.htaccess），并将它们指定为不会提供的文件。

使用过滤器拒绝文件的访问。例如，在 Apache Web 服务器上使用：

```
<Files ~"\.phpincludes"> Order allow，deny Deny from all</Files>
```

如果完整的正则表达式必须匹配文件名，也可以使用 Apache FilesMatch 指令。如果 include 文件是由服务器解析的有效脚本文件，需确保它的安全性，并且不会影响用户提供的参数。另外，更改所有文件的权限以消除全局可读的权限。理想情况下，权限将被设置为只有 Web 服务器的 uid/gid 可读取文件。

不论参数如何配置，如果攻击者能够让 Web 服务器运行攻击脚本来访问这些文件，那么就能规避这种权限限制。解决的方法是运行 Web 服务器应用的副本：一个用于受信任的用户，另一个用于不受信任的用户，每个副本都具有适当的权限。这种方法的缺点是很难管理。但是，如果外部威胁很大，额外的开销可能是值得的。由于该程序的两个（或更多）版本可能以不同的敏感级别运行，因此开发者应将每个版本调整为其特定的预期环境。

8.3.6　执行环境 "锁定"

要保证软件的安全运行，在考虑软件自身安全的基础上，必须考虑软件运行环境的安全。软件执行环境包括操作系统、数据库系统等。

为了保证执行环境的正确安装与配置，安装说明文档中还应包含系统配置等方面的内容。下面将介绍基础环境中操作系统、数据库系统、Web 服务器的常用配置方法。

软件的安装文档中应包括环境 "锁定" 过程。环境 "锁定" 的数据应包括：

● 配置所需的安全保护和服务及接口；

● 禁用所有非关键服务，关闭不必要的端口；

● 配置可用的访问控制机制、虚拟机监视器、TPM 或其他环境划分机制，将软件的可信组件与不可信组件及其他高风险实体隔离开，并限制不可信组件的执行；

● 对存储可执行文件的目录设置访问权限，确保除管理员之外，其他人仅具有执行权限；

● 禁用任何不安全的协议；

- 必要时转移业务数据，将其与软件控制/管理数据分离；
- 为环境组件安装补丁程序；
- 建立和测试所有运行环境恢复流程；
- 配置所有入侵检测、异常检测、防火墙、蜜罐/honeynet/honeytoken、内部威胁/安全监控及事件告警功能。

8.3.7　设置默认安装模块

有些软件提供了多个功能模块，并且允许用户选择和使用特定功能模块。考虑到大部分用户的使用习惯，开发商应当主动设置默认的安装模块。这里设置默认安装模块的策略主要有两个：一是默认选择基本功能模块，因为功能模块越多，存在漏洞的可能性越高；二是默认选择安全的模块，如有些软件同时提供口令登录和数字证书登录两个模块，软件提供商可以根据安装对象的应用场景，设置默认安装数字证书登录功能模块。

8.3.8　配置应用安全策略

开发商应当为用户提供安全配置功能，允许用户在使用软件的过程中，根据当前场景和软件运行情况进行安全配置。主要的安全配置功能可以包括如下内容。

- 口令安全强度要求，如至少为 10 位且必须有大小写字母和数字等；
- 口令修改策略要求，如必须每 3 个月修改一次；
- 口令历史保存策略，如每次修改口令，不能使用近 10 次使用过的口令；
- 账号锁定策略，如连续错误登录 3 次，就锁定该账号不能再使用；
- 软件目录访问权限策略，如设置软件或配置文件只允许某个系统账号访问；
- 日志保存历史策略，如设置保存近一年内的历史日志；
- 报警策略，如设置当某级别的警告发生时，需通过短信方式通知管理员。

8.3.9　启用最小用户身份

开发商应当根据自身软件运行需要，设定软件安装和使用时需要的用户身份角色，尽量使用独立和权限最小的系统账号。这里的"独立"，是指使用一个新的、独立于其他应用的系统账号，这点对安装在 Linux 和 UNIX 系统中的软件尤为重要；"最小"是指为该系统账号申请尽量小的权限，只需满足程序运行就可以。例如，在某些特殊情况下，软件确实需要特定的系统权限，可以考虑通过在软件中设置临时申请、操作员手工确认的方式进行。

8.3.10　开启应用日志审计

某些软件自带应用日志模块，能够记录软件运行过程中的重大事件和错误处理情况。在这种软件中，开发商应当通过在操作手册中强调或在软件中使用默认开启等策略，来保证日志功能得到正常使用。

8.3.11　数据备份

软件在安装和运行过程中会生成和处理数据，包括软件的配置文件、账号口令、运行日志、系统数据等。这些数据对于软件的运行至关重要，开发商除在软件中设置备份和自我恢复功能外，还应该通过操作手册强调备份数据对于系统运行、灾难备份和应急响应的重要性，并为用户推荐备份手段、备份策略和必须备份的数据。

8.4　安全维护

8.4.1　漏洞管理

软件安装完成后，提供商应设置合理的监控措施，及时发现软件存在的漏洞并进行修复。漏洞修复主要通过安全补丁来完成。软件监控是发现未知安全漏洞的主要方法，发现漏洞的最终目的是修复目标应用软件的漏洞。为了保证漏洞修补的进度和质量，建立软件漏洞修补流程是非常必要的。漏洞管理需要完成以下工作。

（1）建立应用软件漏洞修补跟踪机制，将发现的漏洞按照其严重程度划分等级，并安排处理优先级。

（2）建立应用软件漏洞分析机制，由安全工程师对漏洞进行分析，然后与开发团队沟通后，共同制定漏洞修补方案。

（3）对已出现的应用软件漏洞情况进行归档记录，并定期统计漏洞修补情况。

面向对象的一些控制原则，如控制反转（inversion of control），可能会随着时间的推移使漏洞管理问题复杂化。这是因为像 Java 的 Spring 框架这样的模型允许组件以声明方式"连接"在一起，这样就可以替换单个组件，而无须重新设计系统。当以这种方式更换组件时，开发者对这些组件所做的原始安全假设可能会失效。出于这个原因，无论替换对系统的属性有多"小"影响，组件替换时都需要执行安全影响分析。

同样，在部署任何补丁程序、更新或维护之前，都应执行安全影响分析，并且对由于更新造成的对系统安全状态的任何负面影响，都应采取措施进行缓解。补丁程序生成后，应对其对软件体系结构和设计造成的影响予以评估，并更新系统文档，对补丁程序进行说明。如果软件产品或软件密集型系统安装了多个补丁程序，但未评估补丁程序对软件体系结构和设计的影响，则安全风险就会增加。

对软件安全审计记录进行定期审查，将使软件开发者能够观察和分析该软件随着时间推移所表现出的行为，并将其与预期的结果进行比较。对审计结果的分析还将使开发者能够验证软件的原始部署配置是否发生了变化，是否引入了以前未发现的漏洞。软件漏洞管理员、配置管理员或维护人员也有责任向客户报告软件相关漏洞，报告应包含有关补丁程序发布计划及漏洞相关信息。

除执行脆弱性评估和安全审计外，开发者还应跟踪并响应所有COTS和OSS组件提供商及受信任的第三方的漏洞和补丁通知。

开发人员还应对已发生的软件安全事件进行分析，并以分析结果作为软件未来安全需求的基础。安全事件分析有助于分析人员确定软件功能或接口中存在哪些可被利用的漏洞；重点是分析经过验证的漏洞，而不是找出可能存在或可能不存在的漏洞。分析人员应该考虑以下3个方面。

（1）组件内部：如果怀疑组件内部存在漏洞，则应对组件内部的行为和状态变化进行重点分析，以寻找漏洞可能的位置。

（2）组件间：如果怀疑两个组件之间的接口存在漏洞，则应对组件之间使用的通信或程序接口机制和协议进行分析，以发现组件之间的任何不兼容性。

（3）外部组件：如果怀疑环境组件存在漏洞，则应审查软件及其环境组件的日志，重点关注系统级安全行为，即软件及其环境组件的配置中的漏洞及软件与其环境的交互过程。

在软件的补丁生产中应遵守与软件安全开发相同的原则和开发实践。

8.4.2　软件老化

持续运行的软件会受到老化的影响。软件老化通常表现为增加操作系统资源占用，不释放文件锁定和数据损坏，从而导致软件故障数量上升。软件老化使持续运行的软件成为 DoS 攻击的一个很好的目标，因为这种软件随着时间的推移会变得越来越脆弱。

软件恢复是对抗软件老化问题的重要方法，包括定期停止软件执行、清除内部状态，然后重新启动软件。软件恢复可能涉及以下内容：垃圾收集、内存碎片整理、刷新操作系统内核表及重新初始化内部数据结构。软件恢复并不能消除软件老化导致的错误，而是避免软件运行至非常脆弱和易受攻击的程度。

由于软件恢复会导致某些服务暂时不可用，恢复活动会引起直接开销，因此可以提前安排和处理这些短暂的"中断"。软件恢复关键的问题是确定恢复的时间和恢复的频率。

与主动式的软件恢复相比，被动的方法是在检测到可能的攻击后重新配置系统，此时，软件冗余成为最主要的方式。在软件中，可以通过以下 3 种不同的方式实现冗余。

- 独立编写执行相同任务的代码，并使其并行执行，开发者比较其输出（这种方法称为 n 版本编程）;
- 重复执行相同的程序，并比较其输出的一致性;
- 使用数据位标记消息和输出中的错误，使它们易于检测和修复。

软件冗余的目标是从 DoS 中实现灵活、高效的恢复，而无须了解 DoS 攻击的原因或操作方式。虽然强大的软件可以建立足够的冗余来处理几乎任何故障，但问题是如何在实现冗余的同时最大限度地降低成本和复杂性。

第 9 章　通用评估准则与软件安全保障

信息安全产品和系统安全性测评标准是信息安全标准体系中的重要分支，这个分支的发展有很长的历史，先后涌现出了一系列重要标准，包括 TCSEC、ITSEC 和 CTCPEC 等。通用评估准则（Common Criteria，CC）综合各家所长，是目前信息技术安全性评估结果国际互认的基础。自 1996 年被发布为国际标准以来，通用评估准则已成为国际上应用最广泛、最具权威性的安全标准。它不仅可以作为信息安全产品的评测标准，而且可以作为信息安全产品设计与实现的标准与参考。

CC 适用于信息技术（IT）产品的安全性评估，针对评估中的 IT 产品的安全功能及其保障措施提供了一套通用要求，并为 IT 产品的安全功能及其保障措施满足要求的情况定义了 7 个评估保障级别（EAL），评估结果可以帮助消费者确定该 IT 产品是否满足其安全要求。CC 可为具有安全功能的 IT 产品的开发、评估及采购过程提供指导。

本章首先介绍通用评估准则标准体系的发展历史、基本内容、重要概念，然后介绍通用评估准则的评估保障级的基本思路，最后阐述通用评估准则中的评估保障级与软件安全保障之间的关系。

9.1　通用评估准则的发展历史

通用评估准则源于世界多个国家的信息安全准则规范，第一个有关信息技术安全评价的标准诞生于 20 世纪 80 年代的美国，就是著名的可信计算机系统评估准则（TCSEC），又称橘皮书。从90年代开始，一些国家和国际组织在TCSEC的基础上也相继提出了新的安全评价准则。1991年，欧洲发布了ITSEC，并首次提出了信息安全的保密性、完整性和可用性的概念。1993年，加拿大在TCSEC和ITSEC的基础上发布了CTCPEC，其实现结构化安全功能的方法影响了后来的国际标准。同年，美国在充分吸取了ITSEC和CTCPEC的优点后，发布了FC信息技术安全联邦准则。为了标准化的信息安全评估结果在一定程度上能够互相认可，这些发达国家在各自评估标准及具体实践的基础上，通过相互间的总结和互补，于1996年发布了CC 1.0版。该准则由美国、加拿大、欧盟等多个国家共同协商制定，并基于该准则签署了通用标准互认协议（CCRA）。协议规定，对于信息安全产品，无论该产品在哪个国家进行评估，所得到的评估结果均得到各成员国的认可。目前签署CCRA的国家有40个，基本上囊括了包括美国、英国、德国、法国、日本、加拿大、荷兰等在内的绝大部分的技术强国。CCRA将国家分为两类：证书授权国和证书消费国。证书授权国可颁发CC证书，证书可得到CCRA成员国的互认；证书消费国只能认可其他国家的CC证书而不能颁发CC证书。按CCRA的要求，证书签发国都要求建立自己的认证机关（Certification Body，CB），由其再建立适于本国的评估和认证体制，以监督CC评估机构，使其能高标准、严要求地开展CC评估工作，而具体的互认情况也可能通过认证体制进行进一步的规定。原则上，若证书互认与法律不冲突，成员国之间应基于CCRA互认EAL1～EAL4的评估结果。但在实际操作中，评估体制往往会由于贸易壁垒等问题而降低互认级别。

1999年，CC被国际标准化组织批准成为国际标准ISO 15408—1999，其对应的CC版本为2.1。当前最新版本国际标准ISO 15408—2008采用了CCV3.1。2001年，通用评估准则被我国等同采用为国家标准GB/T 18336，目前最新版本为GB/T 18336—2015《信息技术　安全技术　信息技术安全评估准则》。通用评估准则的发展历史如图9-1所示。

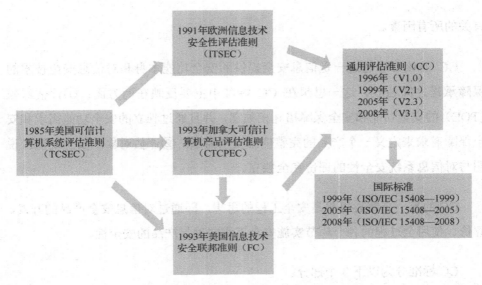

图 9-1　通用评估准则的发展历史

制定通用的信息技术安全标准，首先可以帮助安全的信息技术产品开拓市场以期达到规模经济，其次可以有利于达到北美和欧洲各国相互承认的产品安全评测标准。自此，世界各国在信息技术安全性评估方面尺度不一、各自为政的局面已逐渐改变，国际上都把 CC 作为评估信息技术安全性的通用尺度和方法，利用 CC 来指导开发者对 IT 产品或系统的开发，指导评估认证机构对 IT 产品或系统安全性进行检测评估，帮助用户提出所需产品或系统的安全要求并依此进行采购。比如，美国政府通过颁布法令的形式，出于对信息系统安全评估成本方面的考虑，建议政府在采购信息安全产品时，应优先考虑该产品是否获得 CC 认证。

9.2　通用评估准则的组成和重要概念

CC 作为信息安全产品评估及验证时所遵循的标准，不仅可以作为安全信息产品的评测标准，更可以作为安全信息产品设计与实现的标准与参考，是一个比较全面的评估准则。通用评估准则定义了作为评估信息技术系统安全性的基础准则，提出了表述信息技术安全性的结构，全面地考虑了与信息技术安全性有关的所有因素。

CC 的核心思想之一是信息安全提供的安全功能本身和对信息安全技术的保障承诺之间独立。这一思想在 CC 标准中主要反映在两方面：①评估对象（TOE）的安全功能和安全保障措施相独立，并且通过独立的安全功能需求和安全保障需求来定义一个产品的完整信息安全需求；②评估对象的安全功能及说明与对信息系统安全性的评价完全独立。

CC 的另一个核心思想是安全工程的思想，即通过对信息安全产品的开发、评价、使用全过程的各个环节实施安全工程来确保产品的安全性。

CC 标准分为以下 3 个部分。

第一部分（简介及一般模型）： 这部分主要为通用评估准则的简述，它定义了信息安全评估的一般模型及准则，阐述了 IT 产品评估所需的基本安全概念，给出了规范安全目标（Security Target，ST）的指导方针并描述了贯穿整个模型的组件组织方法。

第二部分（安全功能组件）： 按"类—族—组件"的方式提出安全功能要求，这些要求描述了评估对象（TOE）所期望的安全行为，并旨在满足在 PP（Protection Profile，保护轮廓）或 ST（安全目标）中所提出的安全目的，以对抗针对假定的 TOE 运行环境中的威胁，并（或）涵盖了所有已标识的组织安全策略和假设。

第三部分（安全保障组件）： 定义了评估保障级，介绍了 PP 和 ST 的评估，并按"类—族—组件"的方式提出安全保障要求。该部分内容是为了解决如何正确有效地实施安全功能，提出了对产品开发的非技术要求和对开发过程的保障性要求。其评估保障级（EAL）分为 7 个等级，从 EAL1 到 EAL7，以此来判定信息安全产品的安全等级，并最终作为使用者选择产品时的参考。

CC 的 3 个部分相互依存、缺一不可。第一部分介绍了 CC 的基本概念和基本原理，第二部分提出了技术要求，第三部分提出了非技术要求和对开发过程的要求。这 3 部分的有机结合具体体现在 PP 和 ST 中，PP 和 ST 的概念和原理由第一部分介绍，PP 和 ST 中的安全功能要求和安全保障要求在第二、三部分选取，这些安全要求的完备性和一致性由第二、三部分来保证。

9.2.1　TOE 的概念

在通用评估准则里，TOE 表示评估对象，它可以是软件、固件或硬件及它们的集合。TOE 的主要目的是保护资产，由于资产本身具有一定价值，可能会遭到各种安全威胁，因此，TOE 必须实现某些安全功能来抵御这些安全威胁，从而将风险控制在可接受的范围内。因为通用评估准则关注的主要是安全功能及安全功能本身的安全性，所以 TOE 不一定是整个产品，而可能只是产品功能的子集，即产品内部执行安全功能的部分，TOE 与产品的关系如图 9-2 所示。TOE 通过接口与外部进行通信，TOE 的接口既包括产品外部接口，又可能包括与产品内部其他非安全相关模块的接口。

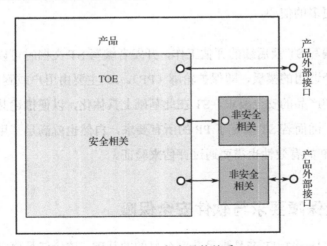

图 9-2　TOE 与产品的关系

9.2.2　安全目标和保护轮廓

保护资产的安全是资产所有者的责任。威胁主体可能试图以危害资产所有者利益的方式滥用资产。威胁主体的例子包括黑客、恶意用户、非恶意用户（有时犯错误）等。因此，必须采用防护措施对资产加以保护。

为了说明防护措施的有效性，开发者需要论述 TOE 是如何抵抗这些威胁的。为此，由开发者撰写安全目标文档，从需要保护的资产及面临的安全问题（威胁、假设和组织安全策略）出发，论述为解决安全问题必须达到何种安全目的。安全目的采用通俗化语言进行描述，为通过信息技术手段实现该安全目的，安全目的又被进一步转换为一组规范性的安全功能要求，其相应的技术实现机制也将以安全功能的形式进行组织。

确定了需要实现的安全功能后，就要对这些功能进行设计、开发和实现。为此，开发者需要选取一个预定义的保障级别（EAL），并按照该级别的要求提供证据，证明其在设计、开发、实现等软件生命周期过程中采取了相应的措施，确保预期安全功能实现的正确性、完备性和安全性。开发者选取的保障级别越高，需要采取的安全措施就越多，花费的代价也越大，但同时也使评估者和使用者增加了更多的信心。

为便于编写 ST 及后续的评估工作，开发者编写 ST 文档时可以针对某一类产品编写一个通用的模板，即保护轮廓（PP）。PP 主要由用户或测评机构编写，以表达对某类产品的安全要求，ST 在此基础上具体化，以便描述某个特定产品的安全要求。因而若 ST 满足了 PP 的所有要求，自然也就满足了用户的要求。有鉴于此，PP 的有效性也需要通过评估来验证。

9.3　安全保障要求与软件安全保障

保障是信任一个 IT 产品满足其安全目的的基础。该信任是建立在主动调查（评估）的基础上的。调查的范围就是 GB/T 18336.3 中定义的安全保障组件，这些保障组件是软件开发生命周期过程中为保障软件安全性而采取的活动集合。

从理论上来讲，为确保软件的安全性，开发者应选取所有的安全保障组件；

但是，从实际操作上讲，选取的组件越多，需要花费的时间、人力等成本也就越高，一旦安全成本高于资产的价值，那么安全保护就失去了意义。因此，开发者需要根据资产的价值，在风险可接受的范围内，选取适当的保障组件。

在通用评估准则中，评估保障级（EAL）提供了一种递增的尺度，以保障度的获取开销和可行性来权衡保障的级别。在通用评估准则中，对 TOE 的保障等级定义了 7 个级别。它们按级别排序，因为每一个评估保障级比其较低的评估保障级表达更多的保障。从评估保障级到评估保障级的保障增加，靠替换成同一保障族中的一个更高级别的保障组件和添加另外一个保障族的保障组件（即添加新的要求）来实现。评估保障级是一组保障组件的集合，它是信息安全专家根据安全需求和实践经验定义的现实状况下的一种最优组合。

本书的目的并不是提出软件安全保障方面新的理论和技术，而是为了对软件安全保障原理、思路和措施进行梳理和总结，帮助软件开发人员和评估人员更好地理解通用评估准则中的安全保障要求，同时为软件开发人员、评估人员和软件用户提供有益参考。

本书所述的软件安全保障内容，基本涵盖了通用评估准则中的所有保障组件，并且提供了比通用评估准则更多、更广的保障内容，可供开发者在软件开发过程中进行参考。通用评估准则中 ST 要求可对应本书的第 3 章，安全保障要求的开发类可对应第 4～6 章，测试类和脆弱性评定类可对应第 7 章，指导性文档类和生命周期支持类可对应第 8 章。

鉴于信息安全技术本身需要结合理论、方法、艺术、实践等多方面的因素，并且信息技术也在不断发展，因此，未来人们对信息安全的认识也会更加深入，软件安全保障技术也会更好、更快地发展。

附录A 术语定义

以下是本书使用的术语的定义。

- **滥用（Abuse）**：恶意误用，通常以修改或破坏为目的。
- **收购（Acquisition）**：根据合同或许可协议购买产品或服务。
- **资产（Asset）**：对利益相关者（如所有者）具有价值的任何事物（如数据、执行过程等）。
- **保障论据（Assurance Argument）**：论证给定保障声明（或子声明）为真或假的依据。
- **保障案例（Assurance Case）**：一组关键系统或关键软件保障属性（系统要求）的声明、判断保障声明的论据和支持保障论据的证据的集合。
- **保障声明（Assurance Claim）**：关键系统或软件的保障要求，包括允许的最大不确定度。
- **保障证据（Assurance Evidence）**：保障案例中用于证实论据的信息。
- **保障（Assurance）**：①确认软件满足其安全目的信任基础；②软件能够充分展现所需特性的信心。
- **攻击（Attack）**：试图对系统进行未经授权的访问，或试图损害系统的安全性（完整性、可用性、正确性、可预测性、可靠性等）。攻击通常利用目标软件的漏洞或弱点使软件产生错误或故障。
- **可用性（Availability）**：软件始终能够及时、可靠地提供预期的服务。当把可用性作为软件的安全属性时，必须保证用户能够访问授权的服务，并执行授权的操作。可用性要求软件能够抵制各种有意或无意的操作尝试，如尝试删除、尝试断开连接或其他可能导致软件不能正常工作的行为。

- **缓冲区溢出（Buffer Overflow）**：软件接口在接收数据时向缓冲区内填充数据超过了缓冲区本身的容量，导致数据溢出到被分配空间之外的内存空间，使得溢出的数据覆盖了其他内存空间的数据。

- **缺陷（Bug）**：软件本身存在的问题，可能造成软件功能运行不正常、非正常中断等问题。Bug 并不一定是可被利用的弱点。

- **现货软件（COTS）**：可以采购到的现成的商业产品，大部分具有开放式的标准接口。

- **组件装配（Component Assembly）**：组件组装和配置的过程，组件使用其内置的接口彼此进行通信/交互，也称"组合"和"整合"。

- **组件（Component）**：大型系统的一个部分或单元。组件可以由硬件或软件构成，也可以被分成更小的组件。在狭义概念上，组件必须具有规定的接口、明确的上下文依赖关系、独立部署的能力、与其他组件组合/整合的能力。本书使用较为宽泛的定义，即组件表示一个代码模块或代码单元。代码单元有 3 种可能的形式：软件组件中可单独测试的部分；不能被进一步分解的组件；计算机程序逻辑可分离的部分。代码模块有两种可能的形式：在编译、组合和代码单元加载过程中可分离的程序单元；计算机程序中可分离且可识别的部分，即代码单元。

- **违背（Compromise）**：违反系统安全策略的行为或违反系统安全属性的事件。

- **配置管理（Configuration Management）**：通过对信息系统整个生命周期内硬件、软件、固件、文档、测试、测试修复和测试文档的变更控制来管理安全特性和保障。

- **正确性（Correctness）**：①软件在规范、设计和实现中不出现错误或不足的程度；②软件、文档或其他内容满足指定要求的程度；③软件、文档或其他内容满足用户需求和期望的程度，无论这些需求和期望是否被指定；④正确性：软件能够按指定规则执行其所有预期功能的特性。正确性可以看作软件在规范、设计和实现方面不会出现问题的程度，软件、文档和其他开发工作满足其特定要求，或软件、文档和其他开发工作满足用户的需求和期望，无论这些需求和期望是否被指定。简而言之，正确的软件将没有错误，并且与其规范保持一致。

● 对策（Countermeasure）：减少组件或系统的脆弱性和弱点的措施、设备、程序、技术或其他措施。

● 关键软件（Critical Software）：软件失败会对国家安全或人身安全造成负面影响，也可能导致巨大的财务损失或社会影响。关键软件也称要害软件。

● 定制软件（Custom Software）：为特定机构或功能开发的软件。定制软件不针对大众市场，通常是为特定客户创建的，以满足客户独特的需求。

● 拒绝服务（DoS）：一种使系统失去可用性的攻击。

● 可靠性（Dependability）：当系统被调用或遭到攻击时，无论其运行在正常环境还是恶意环境，它能够正确执行预期的功能或提供预期的服务的能力。软件的可用性、完整性、可生存性、可信性、安全性、容错性等直接影响其可靠性。

● 嵌入式软件（Embedded Software）：嵌在存储器中的微型操作系统，通常作为大型物理系统的一部分并执行特定操作的软件，如监视、测量或控制系统组件的动作。

● 错误（Error）：①软件从正常状态偏离，运行至非正常状态；②软件实际计算、观察或测量的条件或数值与真实的、指定的或理论上正确的数值或条件之间的偏差；③由于人为因素导致软件出现的错误（如编码错误）或软件运行故障。

● 事件（Event）：某些特定数据、情形或活动的发生。

● 运行环境（Execution Environment）：软件运行所需的硬件、软件和网络实体的集合。

● 漏洞利用（Exploit）：利用目标软件中的漏洞或安全弱点的技术，可以通过软件代码实现（通常以脚本的形式）。

● 失效（Failure）：①系统或组件在预定条件下不能正常运行；②系统性

能偏离其指定的预期参数（如其时间限制）。

- **故障（Fault）**：推定或假定错误的原因。

- **人为缺陷（Flaw）**：在创建软件需求、体系结构或设计规范时出现问题、遗漏或疏忽的错误，导致软件设计不充分，或者在实施过程中出现错误。

- **形式化方法（Formal Method）**：系统的架构和设计使用数学方法建模，或其高层实现通过数学方法进行了验证，确认指定的要求与体系架构、设计或安全策略之间保持一致的过程。

- **实现（Implementation）**：软件能够运行的阶段。在本文档中，"实现"用于指定设计阶段之后并在测试阶段之前的活动，如编码和软件集成。

- **独立测试（Independent Testing）**：在软件功能开发完成后，交付给客户之前，由独立的测试人员执行的测试。

- **信息保障（Information Assurance）**：通过确保信息和信息系统的可用性、完整性、认证性、保密性和不可抵赖性来保护信息系统的措施。这些措施包括通过保护、检测和反应能力来恢复信息系统。信息保障通常与"信息安全"可以互换，即保护信息和信息系统免遭未经授权的访问、使用、披露、破坏、修改或销毁，以提供保密性、完整性和可用性。

- **输入验证（Input Validation）**：确定输入数据的正确性。验证的内容可能包括：数据的长度、格式、物理内容与长度、格式和物理内容定义的可接受参数。

- **完整性（Integrity）**：①防止对数据进行不当修改或破坏；②反映系统或组件逻辑正确性、可靠性、完整性和一致性的性质。完整性要求系统或其组件能够防止用户以不正当或未经授权的方式更改或修改软件；或通过不正当或未经授权的操作，使软件以不符合预期的方式执行其预定功能或意外操作。

- **最小特权（least Privilege）**：系统中的每个主体（即参与者）只被授予执行其授权任务所需的最严格权限集合，并允许主体保留这些权限不超过所需时限。

- **恶意代码（Malicious Code）**：①旨在执行未经授权操作的软件或固件，

这些操作会对信息系统的保密性、完整性或可用性产生不利影响；②成功感染主机的病毒、蠕虫、特洛伊木马或其他基于代码的恶意实体；③旨在执行未经授权或未预期的操作，这些操作会对组件或系统的可靠性产生不利影响。

- **恶意软件（Malware）**：恶意程序通常隐蔽地插入系统中，意图损害系统的保密性、完整性和可用性，或阻碍系统用户执行预期操作。恶意软件通常与"恶意代码"交替使用。

- **过失（Mistake）**：由于个人错误导致其做出不利或不正确的决定。本文中的"错误"表示软件犯下的"过失"。

- **误用（Misuse）**：偏离预期的用法。如果误用是出于恶意目的，则称为滥用。

- **不可否认（Non-Repudiation）**：不可否认性又称抗抵赖性，通过某种机制，使人们不能否认自己发送或接收信息的行为。就软件而言，不可否认性指软件无法否认执行特定操作。

- **开源软件（Open Source Software）**：源代码可被公众获得的软件，允许用户研究和改变软件，并以修改或未修改的形式重新分发。

- **外包（Outsourcing）**：通常通过合同将业务或工作委托给外部实体。

- **渗透测试（Penetration Testing）**：以未经授权的动作绕过某一系统的安全机制的方式，检查数据处理系统的安全功能，以发现信息系统安全问题的手段，也称渗透性测试或逆向测试。

- **可预测性（Predictability）**：系统或组件的属性、状态和行为不会偏离预期。

- **可靠性（Reliability）**：①软件系统（包括其所有独立组件）能够实现其目标，而不出现故障、退化或未指定的行为。具有可靠性特征的软件，可以始终如一地执行其预期的操作。这意味软件预计将在一段时间内正确执行。它还包含了环境因素，因为无论发现哪种情况，软件都需要正确执行，这有时被称为鲁棒性；②在规定/预期的操作条件下，在指定/预期的环境中，在指定/预期的时间段/时间间隔内，或者对于指定/预期的操作次数，软件能够无故障操作的概率。

● **要求（Requirement）**：产品的操作、功能、设计特征或约束的声明。理想情况下，要求应该是明确的、可测试的或可测量的，并且对产品的可接受性来说是必需的。

● **风险（Risk）**：特定威胁通过利用脆弱性对系统造成不利影响的可能性。

● **沙箱（Sandboxing）**：将应用级组件隔离到不同的执行域中的一种方法。在沙箱中运行时，组件的所有代码和数据访问都被限制在该沙箱内的内存段中。沙箱在执行进程之间提供的隔离级别高于当进程在相同的虚拟地址空间中运行时可以实现的隔离级别。通常沙箱用来隔离不可信程序的执行，以便每个程序无法直接访问其他程序使用的内存和磁盘空间。虚拟机（VM）可用于实现沙箱，每个虚拟机提供一个隔离的执行域。

● **安全编码（Secure Coding）**：减少或消除软件缺陷/错误的软件编程实践，以及其他导致软件脆弱性的编程实践。

● **安全软件项目管理（Secure Software Project Management）**：系统化、规范化和可量化管理活动的应用，确保开发的软件符合安全策略并满足安全要求。

● **安全的软件（Secure Software）**：能够持续维持可靠性、可信性的软件。在软件保障中，安全的软件只需以合理的信任程度实现这些属性，而不必保证大量的安全特性和功能，包括所有用于其预期用途的属性和功能。

● **安全状态（Secure State）**：任何主体都无法以未经授权的方式访问任何其他实体的状态。

● **安全策略（Security Policy）**：为保护系统主体和客体而做出的简明的策略陈述。系统的安全策略准确地描述了系统中的实体被允许和不被允许执行的操作。

● **软件保障（Software Assurance）**：软件中无脆弱性，以及软件功能能够以预期方式运行的信任程度。

● **软件开发生命周期过程（Software Development Life Cycle Process）**：用户需求被转换成软件产品的过程。该过程涉及将用户需求转换为软件需求，将软件需求转换为体系架构和设计，以代码实现设计，并能够执行设计中指定的操作、代码集成和测试、软件的安装和检查等活动。

● 软件谱系（**Software Pedigree**）：被收购软件的背景/血统。这包括考虑在特定时间点当前版本软件是如何构思和实施的，以及由谁开发的。虽然软件经常发生变化，但是每当软件被其开发者修改时，在任何给定的时间点，软件均具有固定的谱系。

● 软件出处（**Software Provenance**）：在离开其开发者控制并进入供应链之后所获得的软件经验。需要考虑如下内容：软件如何授权，如何在其执行环境中安装和配置，如何修补和更新，以及由谁修补和更新。出处还反映了软件持续开发（新版本、补丁等）的责任变化，如这个责任从软件的原始开发人员转移到集成人员或新的开发机构。

● 软件安全保障（**Software Security Assurance**）：通常缩写为软件保障。

● 破坏（**Subversion**）：①故意违反软件的完整性；②改变产品或程序以破坏所需的特性，如安全。

● 可生存性（**Survivability**）：①软件足以抵御或容忍大多数已知和未知的攻击，如果无法抵御或容忍它们，能尽快地恢复并保证尽量少的损失。在大多数情况下，这需要软件能够隔离攻击的来源。②尽管存在攻击和威胁，仍能继续进行正确运行并执行可预测的操作。

● 威胁建模（**Threat Modeling**）：分析、评估和审查收集的审计记录和其他信息，以搜索可能构成安全违规的系统事件。威胁建模的成果是威胁模型。

● 威胁（**Threat**）：①任何可能通过未经授权的访问、销毁、修改和/或拒绝服务，对软件系统或组件造成不利影响的实体、情况或事件；②可能对软件密集型系统或其拥有的数据或资源造成损害的主体、代理、环境或事件。如果是故意和恶意威胁，它可能利用软件脆弱性发起攻击。

● 可信性（**Trustworthiness**）：①包含很少的可被用来破坏软件可靠性的脆弱性或弱点，并且不包含会导致软件恶意行为的恶意逻辑；②软件保障的逻辑基础，在面对广泛的威胁和事件时，能够符合所有必要的关键属性，如安全性、可靠性、生存性等，并且不包含恶意或无意的可利用的脆弱性。

- 用户（User）：授权访问操作系统的任何人员或程序。
- 脆弱性（Vulnerability）：①攻击者可以利用的弱点，缺陷是造成软件脆弱性的主要原因；②由于已部署软件存在的错误、缺陷或弱点，造成软件可能被恶意使用，破坏软件的完整性和可用性，脆弱性通常作为攻击过程中的一个步骤以未经授权访问软件中的信息。
- 弱点（Weakness）：①软件存在的缺陷和异常，可能是被利用的脆弱性。软件的弱点可能源于安全需求或设计缺陷、实施缺陷，或者在运行和操作控制方面的不足。②可能会降低软件安全性的潜在条件或软件构造。

参 考 文 献

[1] MATT B. 计算机安全学——安全的艺术与科学[M]. 北京：电子工业出版社，2005.

[2] WILLIAM S. 计算机安全：原理与实践[M]. 3 版. 北京：机械工业出版社，2016.

[3] 任伟. 软件安全[M]. 北京：国防工业出版社，2007.

[4] IAN S. 软件工程[M]. 10 版. 北京：机械工业出版社，2018.

[5] 骆斌，丁二玉，刘钦. 软件工程与计算（卷二）：软件开发的技术基础[M]. 北京：机械工业出版社，2012.

[6] 牛少彰，崔宝江，李剑. 信息安全概论[M]. 北京：北京邮电大学出版社，2016.

[7] MARK R O. 信息安全完全参考手册[M]. 2 版. 北京：清华大学出版社，2014.

[8] 孙志安，裴晓黎，宋昕，等. 软件可靠性工程[M]. 北京：北京航空航天大学出版社，2009.

[9] The Information Assurance Technology Analysis Center. Software security assurance: State-of-the-Art Report (SOAR) [R]. Virginia: IATAC, 2007.

[10] DANIEL J, MARTIN R. Software analysis：A roadmap [C] // Proceedings of the Conference on The Future of Software Engineering，June 04-11, 2000 , Limerick, Ireland. New York :ACM, c2000: 133-145.

[11] SANDIP R, ERIC P, MARK M, et al. System-on-Chip Platform Security Assurance: Architecture and Validation[J]. Proceedings of the IEEE, 2018,

106(1): 21-37.

[12] 杨宇，张健. 程序静态分析技术与工具[J]. 计算机科学，2004, 31(2): 171-174.

[13] 王雅文，宫云战，杨朝红. 软件测试工具综述[J]. 北京化工大学学报（自然科学版），2007(S1): 5-9.

[14] 肖庆，杨朝红，毕学军. 一种基于故障模式状态机的测试方法[J]. 北京化工大学学报（自然科学版），2007(A01): 73-76.

[15] DESWARTE Y, BLAIN K, FABRE J C. Intrusion Tolerance in Distributed Computing Systems [C] // 1991 IEEE Computer Society Symposium on Research in Security and Privacy, May 20-22，1991, Oakland，CA. IEEE，c1991: 110-121.

[16] 刘晓英，沈金龙. 软件开发中的一个重要环节——混淆[J]. 南京邮电学院学报（自然科学版），2004, 24(1): 59-63.

[17] CCOLLBERG C, THOMBORSON C, LOW D. Manufacturing Cheap, Resilient, and Stealthy Opaque Constructs [C] // Conference Record of the Annual ACM Symposium on Principles of Programming Languages，Jan. 19-21, 1998, San Diego, CA. New York : ACM, c1998: 184-196.

[18] 李焕洲，林宏刚，张健，等. 可信计算中完整性度量模型研究[J]. 四川大学学报（工程科学版），2008, 40(6): 150-153.

[19] 杨蓓，吴振强，符湘萍. 基于可信计算的动态完整性度量模型[J]. 计算机工程，2012, 38(2): 78-81.

[20] WEN T, ZHONG C. Research of subjective trust management model based on the fuzzy set theory[J]. Journal of software, 2003, 14(8): 1401-1408.

[21] KOSORESOW A P, HOFMEYER S A. Intrusion detection via system call traces[J]. IEEE Software, 1997, 14(5): 35-42.

[22] GAO D, REITER M K, SONG D. Behavioral distance measurement using hidden markov models [C]//9th International Symposium on Recent

Advances in Intrusion Detection, September 20-22, 2006, Hamburg, Germany. Berlin: Springer, c2006: 19-40.

[23] 陶芬，尹芷仪，傅建明. 基于系统调用的软件行为模型[J]. 计算机科学，2010 (4): 151-157.

[24] 傅建明，陶芬，王丹，等. 基于对象的软件行为模型[J]. 软件学报，2011, 22(11): 2716-2728.

[25] DUPONT P, LAMBEAU B, DAMAS C, et al. The QSM algorithm and its application to software behavior model induction[J]. Applied Artificial Intelligence, 2008, 22(1-2): 77-115.

[26] 刘玉玲，杜瑞忠，冯建磊，等. 基于软件行为的检查点风险评估信任模型[J]. 西安电子科技大学学报，2012, 39(1): 179-184.

[27] 贾冀婷. 软件测试中可靠性模型的设计与研究[J]. 计算机技术与发展，2014(3): 110-112.

[28] 张静. 软件可靠性模型研究[D]. 西安：西安电子科技大学，2012.

[29] 耿技，聂鹏，秦志光. 软件可靠性模型现状与研究[J]. 电子科技大学学报，2013(4): 565-570.

[30] 李心科. 软件故障分析及质量评估方法的研究[D]. 合肥：合肥工业大学，2001.

[31] 孙勇. 软件可靠性模型应用研究[D]. 南京：东南大学，2004.

[32] 陈春秀，马力. 软件可靠性测试技术研究[J]. 计算机工程与设计，2010, 31(21): 4628-4631.

[33] 郑艳艳，郭伟，徐仁佐. 软件可靠性工程学综述[J]. 计算机科学，2009, 36(2): 20-25.

[34] 张俊萍，朱小冬，张鲁. 软件可靠性测试流程设计及其应用[J]. 计算机测量与控制，2011, 19(4): 796-809.

[35] ELSAYED E A. Overview of Reliability Testing[J]. IEEE Transactions on Reliabilty, 2012, 61(2): 282-291.

[36] HU H, JIANG C, CAI K. Enhancing software reliability estimates using

modified adaptive testing[J]. Information and Software Technology, 2013, 55(2): 288-300.

[37] 王帆. 软件维护中的成本估算和质量保证技术研究[D]. 杭州：浙江大学，2011.

[38] 王磊. 嵌入式管控软件的可靠性设计与验证[D]. 成都：西南交通大学，2007.

[39] GJB/Z 102—1997 软件可靠性和安全性设计准则[S]. 北京：北京国防科工委军标出版社，2006.

[40] HUANG G Q, NIE M, MAK K L. Web-based failure mode and effect analysis[J]. Computers and Industrial Engineering, 1999(37): 177-180.

[41] SCHENEEWEISS W G, GMBH L V. The fault tree method[J]. Reliability Engineering and System Safety, 2001(74): 221-228.

[42] WU J N, YAN S Z, XIE L Y. Reliability analysis method of a solar array by using fault tree analysis and fuzzy reasoning Petri net [J]. Acta Astronautica, 2011(69): 960-968.

[43] CHIACCHIO F, COMPAGNO L, DURSO D, et al. Dynamic fault trees resolution: A conscious trade-off between analytical and simulative approaches[J]. Reliability Engineering and System Safety, 2011(96): 1515-1526.

[44] 丁万夫，郭锐锋，秦承刚，等. 硬实时系统中基于软件容错模型的容错调度算法[J]. 计算机研究与发展，2011, 48(4): 691-698.

[45] 张虹，姜明明，黄百乔. 软件可靠性分析方法研究与应用[J]. 测控技术，2011, 30(5): 101-105.

[46] HASSAN A, SIADAT A, DANTAN J Y, et al. Conceptual process planning—an improvement approach using QFD, FMEA and ABC methods[J]. Robotics and Computer-Intergrated Manufacturing, 2010(26): 392-401.

[47] 杜雷，高建民，陈琨. 基于故障相关性分析的可靠性配置[J]. 计算机集

成制造系统，2011, 17(9): 1973-1980.

[48] INOUE S, YAMADA S. Discrete software reliability assessment with discretized NHPP models[J]. Computers and Mathematics with Application, 2006(51): 161-170.

[49] KIRAN N R, RAVI V. Software reliability prediction by soft computing techniques[J]. The Journal of Systems and Software, 2008(81): 576-583.

[50] ER M J, LI Z, CAI H, et al. Adaptive noise cancellation using enhanced dynamic fuzzy neural networks [J]. IEEE Transactions on Fuzzy Systems, 2005(13): 331-341.

[51] 赵会群，孙晶. 面向服务的可信体系结构代数模型[J]. 计算机学报，2010, 33(5): 890-899.

[52] HARDIN D, HIRATZKA T D, JOHNSON D R, et al. Development of security software: A high assurance methodology [C] //11th International Conference on Formal Engineering Methods, B December 9-12, 2009, Janeiro, Brazil. Berlin: Springer, c2009: 266-285.

[53] 李任杰，张瞩熹，江海燕，等. 基于监控的可信软件构造模型研究与实现[J]. 计算机应用研究，2009, 26(12): 4586-4588.

[54] DELAMARO M E, MAIDONADO J C, MATHRU A P. Interface mutation: an approach for integration testing [J]. IEEE Trans on Software Engineering, 2001, 27(3): 228-247.

[55] 陈锦富，卢炎生，谢晓东. 软件错误注入测试技术研究[J].软件学报，2009, 20(6): 1425-1443.

[56] ENGLAN P, LAMPSON B, MANFERDELL I J, et al. A trusted open platform[J]. IEEE Computer, 2003, 36(7): 55-62.

[57] REINER S, ZHANG X L, TRENT J, et al. Design and implementation of a TCG-based integrity measurement architecture [C] // Proceedings of the 13th USENIX Security Symposium, August 9-13, 2004, San Diego, CA, USA. Berkeley: USENIX, c2004: 223-238.

[58] GONZÁLEZ M P, LORÉS J, GRANOLLERS A. Enhancing usability testing through datamining techniques: A novel approach to detecting usability problem patterns for a context of use [J]. Information and Software Technology, 2008, 50(6): 547-568.

[59] PROPP S, BUCHHOLZ G, FORBRIG P. Integration of usability evaluation and model-based software development [J]. Advances in Engineering Software, 2009, 40(12): 1223-1230.

[60] 贲可荣. 软件质量保证技术研究综述[J]. 海军工程大学学报，2002, (14)4: 1-6.

[61] VOAS J. Certification: Reducing the hidden costs of poor quality [J]. Reliable Software Technologies, IEEE Software, 1999, 16(4): 22-25.

[62] SCHMIDT H. Trustworthy Components-Compositionality and Prediction[J]. The Journal of Systems and Software, 2003(65): 215-225.

[63] YANG Y, WANG Q, LI M S. Process trustworthiness as a capability indicator for measuring and improving software trustworthiness [C] // Lecture Notes in Computer Science 5533: Proceedings of the International Conference on Software Process: Trustworthy Software Development Process, May 16-17, 2009, Vancouver, Canada. Berlin: Springer-Verlag, c2009: 389-401.

[64] 郎波，刘旭东，王怀民，等. 一种软件可信分级模型[J]. 计算机科学与探索，2010, 4(3): 231-239.

[65] 赵会群，孙晶. 一种 SOA 软件系统可信性评价方法研究[J]. 计算机学报，2010, 33(11): 2202-2210.

[66] BETOUS C A, KANOUN K. Construction and stepwise refinement of dependability models[J]. Performance Evaluation, 2004, 56: 277-312.

[67] XIE F, YANG G W, SONG X Y. Component-based hardware/software co-verification for building trustworthy embedded systems[J]. The Journal of Systems and Software, 2007, 80(5): 643-654.

[68] 刘晓阳，赵建平，王玮，等. 基于 SOA 的软件过程管理系统[J]. 兵工自动化，2011, 30(1): 91-94.

[69] MAULIK. Genetic Algorithm-Based Clustering Technique[J]. Patt.Recog, 2000(33): 1455-1465.

[70] 刘伟，张玉清，冯登国. 通用准则评估综述[J]. 计算机工程，2006, 32(1): 171-173.

[71] YAGER R R. On ordered weighted averaging aggregation operators in multi-criteria decision making[J]. IEEE Transactions on Systems, Man and Cybernetics, 1988(18): 183-190.

[72] HERRERA F, HERRERA E. Linguistic decision analysis: steps for solving decision problems under linguistic information[J]. Fuzzy Sets and Systems, 2000(115): 67-82.

[73] 沈昌祥，蔡谊，赵泽良. 信息安全工程技术[J]. 计算机工程与科学，2002, 24(2): 1-8.

[74] 刘伟，张玉清，冯登国. 系统安全通用准则评估工具的设计和实现[J]. 计算机工程，2006, 32(4): 254-257.

[75] 方滨兴，陆天波，李超. 软件确保研究进展[J]. 通信学报，2009(2): 106-117.

[76] 徐学洲，任声骏. 软件更新安全解决方案研究[J]. 大连理工学报，2008(z1): 161-165.

[77] 张艳. 软件补丁的发布技术研究[D]. 广州：广州大学，2010.

[78] JHA S, WING J, LINGER R, et al. Survivability analysis of network specifications [C] // Proceedings International Conference on Dependable Systems and Networks, June 25-28, 2000, New York, NY, USA. IEEE, c2000: 613-622.

[79] ZUO Y, LANDE S. A Logical Framework of Proof-Carrying Survivability [C] // 2011 IEEE 10th International Conference on Trust, Security and Privacy in Computing and Communication, November 16-18, 2011,

Changsha, China. IEEE, c2011: 472-481.

[80] BRONEVETSKY G, MARQUES D, PINGALI K, et al. Automated application-level checkpointing of MPI programs [C] // Proceedings of the ninth ACM SIGPLAN symposium on Principles and practice of parallel programming, June 11-13, 2003, San Diego, California, USA. New York: ACM, c2003: 84-94.

[81] Ramkumar B, Strumpen V. Portable checkpointing for heterogeneous architectures [C] // Twenty-Seventh Annual International Symposium on Fault-Tolerant Computing, June 24-27, 1997, Seattle, USA. IEEE, c1997: 58-67.

[82] 熊策，陈志刚. AOP 技术及其在并发访问控制中的应用[J]. 计算机工程与应用，2005, 41(16): 94-96.

[83] HE D, BU J, ZHU S, et al. Distributed access control with privacy support in wireless sensor networks[J]. IEEE Transactions on Wireless Communications, 2011, 10(10): 3472-3481.

[84] 郭臣. 基于模型检测的软件安全分析研究[D]. 北京：北京交通大学，2009.

[85] 何恺铎，顾明，宋晓宇，等. 面向源代码的软件模型检测及其实现[J]. 计算机科学，2009, 36(1):267-272.

[86] 丁志义，宋国新，邵志清. 类型系统与程序正确性问题[J]. 计算机科学，2006, 33(1): 141-143.

[87] MARTIN A, CORMAC F, STEPHEN N F. Types for safe locking: Static race detection for java[J]. ACM Transactions on Programming Languages and Systems, 2006, 28(2): 207-255.

[88] 权义宁，胡予濮. 改进的操作系统安全访问控制模型[J]. 西安电子科技大学学报（自然科学版），2006, 33(4): 539-542.

[89] 洪宏. CC 标准及相关风险评估系统关键技术研究[D]. 西安：西安电子科技大学，2004.

[90] 吴峰. CA 安全的通用性评估模型及应用研究[D]. 合肥：安徽大学，2006.

[91] 毕海英，张翀斌，石竑松. 如何用通用评估准则指导我国信息安全标准的制定[J]. 中国信息安全，2015(2): 92-95.

[92] 张卫祥，刘文红. 灰盒测试方法的实践与研究[J]. 飞行器测控学报，2010, 29(6): 86-89.

[93] 刘湖平，曾绍军，王欣. 基于安全软件开发生命周期的软件工程[J]. 中国管理信息化，2013, 16(7): 65-67.

[94] ARI T, JARED D D, CHARLES M. Fuzzing for Software Security Testing and Quality Assurance[M]. Boston: Artech House, 2008.

[95] MCGRAW G. Software assurance for security[J]. Computer, 1999, 32(4): 103-105.

[96] ARKIN B, STENDER S, MCGRAW G. Software penetration testing[J]. IEEE Security & Privacy, 2005, 3(1): 84-87.

[97] CHRISTIAN P. On the security of open source software[J]. Information System Journal, 2002, 12(1): 61-68.

[98] MCDERMOTT J. Abuse-case-based assurance arguments [C] // Proceedings of the 17th Annual Computer Security Applications Conference, Dec.10-14 2001, New Orleans, LA, USA. IEEE, c2001: 366-374.

[99] 王涛. 基于安全模式的软件安全设计方法[D]. 长春：吉林大学，2011.

[100] PANAGIOTIS P, SAMMY H, COSTAS L, et al. Towards a Security Assurance Framework for Connected Vehicles [C] // 2018 IEEE 19th International Symposium on A World of Wireless, Mobile and Multimedia Networks (WoWMoM), June 12-15, 2018, Chania, Greece. IEEE, c2018: 01-06.

[101] Microsoft. The security development lifecycle [EB/OL]. [2021-11-21] https://www.microsoft.com/ en-us/securityengineering/sdl/resources.